# 超有趣学Python：
# 编程超酷航天冒险游戏

［美］ 肖恩·麦克马纳斯（Sean McManus） 著

程 晨 译

机 械 工 业 出 版 社

创建趣味太空冒险游戏，轻松学习 Python。

"太空危机，氧气即将耗尽，为了安全逃离空间站，你需要探索地图，收集物品，解决谜题，同时还要躲避杀手机器人和泄漏的有毒物质……"

你将亲手编写这个基于谜题的太空冒险游戏，游戏包含完整的图像、声音和动画。当你编写完这个游戏后，还可以与朋友分享游戏的乐趣。

本书适合想要学习 Python 的读者阅读，通过编写趣味游戏，你将学会 Python 的基础知识与编程技巧。

**图书在版编目（CIP）数据**

超有趣学Python：编程超酷航天冒险游戏/（美）肖恩·麦克马纳斯（Sean McManus）著；程晨译. —北京：机械工业出版社，2021.6

书名原文：Mission Python：Code a Space Adventure Game

ISBN 978-7-111-68095-6

Ⅰ.①超…　Ⅱ.①肖…②程…　Ⅲ.①软件工具–程序设计　Ⅳ.①P311.561

中国版本图书馆CIP数据核字（2021）第078212号

机械工业出版社（北京市百万庄大街22号　邮政编码100037）
策划编辑：林　桢　责任编辑：林　桢
责任校对：孙丽萍　封面设计：鞠　杨
责任印制：张　博
北京华联印刷有限公司印刷
2021年8月第1版第1次印刷
184mm×260mm·14印张·361千字
标准书号：ISBN 978-7-111-68095-6
定价：89.00元

电话服务　　　　　　　　网络服务
客服电话：010-88361066　　机　工　官　网：www.cmpbook.com
　　　　　010-88379833　　机　工　官　博：weibo.com/cmp1952
　　　　　010-68326294　　金　书　网：www.golden-book.com
封底无防伪标均为盗版　　机工教育服务网：www.cmpedu.com

感谢我的妻子 Karen 对整个工作的支持；

还要感谢我们优秀的儿子 Leo，

他带我们踏上了这段神奇的旅程。

# 关 于 作 者

    Sean McManus 是一位专业的技术和商业作家。他的其他书籍包括 *Cool Scratch Projects in Easy Steps*、*Scratch Programming in Easy Steps*、*Coder Academy* 和 *Raspberry Pi For Dummies*（与 Mike Cook 合著）。作为一名作家，他为世界上很多大的科技公司撰稿。他的小说 *Earworm* 描写的是一个音乐领域的秘密，揭露了用计算机生成音乐取代乐队的阴谋。他是编程俱乐部的志愿者，会帮助当地学校的孩子学习计算机编程。访问他的网站 www.sean.co.uk 可以查看书中的样章以及一些额外的内容。

# 关于技术审校者

  Daniel Aldred 是一位充满激情且经验丰富的计算机科学教师。他领导了 CAS 中心学校的计算部门，这个中心学校会支持和发展当地其他的学校和组织。他经常为 *Linux User & Developer* 创作作品，并为 Raspberry Pi、Pimoroni、micro:bit 和 Cambridge International Assessment 创建相关内容和项目。Daniel 还带领一支由 8 名学生组成的团队赢得了第一届 Astro Pi 比赛，并且航天员 Tim Peake 在国际空间站上运行了他们的程序。

# 致 谢

非常感谢 No Starch 出版社工作人员的努力，包括策划编辑 Liz Chadwick、排版编辑 Riley Hoffman、版权编辑 Anne Marie Walker、校对老师 Emelie Burnette 和 Meg Sneeringer，以及项目经理 Serena Yang。感谢 Tyler Ortman 对本书的构思，以及 Bill Pollock 对这个项目的支持。Josh Ellingson 的封面设计真的令人惊叹。感谢 Amanda Hariri、Anna Morrow 和 Rachel Barry 在市场推广方面的支持。

Rafael Pimenta 为游戏设计了漂亮的图形，Daniel Aldred 负责测试代码并对文本提出了修改意见，感谢他们。

没有开源社区的协助，我们也无法完成本书。Daniel Pope 创建了 Pygame Zero，并协助进行了一些项目调研。你可以在 http://pygame-zero.readthedocs.io/en/latest/ 上了解 Pygame Zero 的一些其他功能，虽然这些功能并不是我们本次任务所必需的。Pygame Zero 扩展了 Pygame，因此还要感谢 Pygame 开发团队以及更强大的为 Pygame 的成功做出了贡献的 Python 社区。

NASA 允许我们使用他们的许多图片来讲述我们的故事，对此我们深表感谢。这个许可让我们在写作本书时干劲十足。

感谢 Raspberry Pi 基金会的 Russell Barnes、Sam Alder、Eben Upton 和 Carrie Anne Philbin 帮助启动了这个项目。

最后要感谢阅读本书的你！如果喜欢，希望你能够分享你的评论、微博或博客，以帮助其他人发现本书。无论如何，希望你能喜欢本书。

# 目　录

# 引　言

　　游戏开始，空气所剩不多了。空间站发生泄漏，因此你必须迅速采取行动。你能找到解决问题的办法吗？你需要探索空间站的周围，找到门禁卡来把门打开，还要修复受损的航天服。冒险已经开始了！

　　从这里开始：在地球上，通过对任务下达命令，或者说是通过你的计算机来操作。本书向你展示了如何使用 Python 在图形化的冒险游戏中在火星上建立空间站、探索空间站并避开危险。你能像航天员一样找到解决问题的办法吗？

## 0.1　如何阅读本书

　　学习本书的内容，你可以创建一个名为 *Escape*（逃脱）的游戏，其中包含了要探索的地图和需要解决的问题。游戏是使用 Python 编写的，它是一种非常流行的易于阅读的编程语言。游戏制作中使用的是 Pygame Zero，它添加了一些关于管理图像和声音的指令。我将逐步介绍游戏的制作方法以及代码的主要部分的逻辑关系，以便你可以创建自己的游戏或根据我的游戏代码实现自己的游戏。如果你遇到了什么问题，或是想直接进入游戏看看这个游戏是怎么玩的，你可以直接下载源代码，所有的代码都可以下载，而且所有软件都是免费的，书中提供了 Windows 操作系统版本和 Raspberry Pi 的说明。我建议你使用 Raspberry Pi 3 或 Raspberry Pi 2。如果使用 Pi Zero、旧的 B+ 以及其他老版的型号，那么游戏运行速度可能会比较慢。

　　你可以通过以下几种方式来阅读本书和创建游戏：

　　❑　下载游戏，先玩一玩，然后阅读本书来了解游戏的工作原理。这样能避免你在玩游戏之前就知道了具体的细节！尽管我已将游戏细节降至最低，但你在阅读本书时依然会留意到代码中的一些线索。如果你真的在游戏中遇到了问题，可以尝试阅读代码以确定解决方案。无论如何，我都建议你至少运行一次游戏，以便确定要创建的是一个什么样的游戏，并了解如何运行程序。

❏ 创建游戏，然后再玩。本书将指导你如何从头到尾创建游戏。在学习各章节内容的过程中，你将会在游戏中添加新的内容，并查看它们的工作方式。如果你在某个部分无法运行代码，那么可以直接使用代码段中的版本，然后从那里继续编写代码。如果你选择了这种方式，那么在创建并试玩游戏之前不要对游戏进行任何自定义的更改。否则，你可能会遇到某些意外导致无法完成游戏（完成我在练习任务中建议的修改是可以的）。

❏ 自定义游戏。当你了解了程序的工作原理后，你可以使用自己的地图、图像、对象和谜题对游戏进行修改。*Escape* 游戏是发生在空间站上的，但你的游戏可以发生在丛林、海底或其他任何地方。你可以先按照本书内容来创建自己的 *Escape* 游戏版本，也可以使用我的最终版本来对其进行修改。我希望看到你将这个程序作为起点！

## 0.2　本书的内容

在你开始执行任务之前，先让我们来看一下各章的内容介绍。

第 1 章介绍如何进行太空行走。你将学习如何使用 Pygame Zero 通过 Python 程序显示图像，并了解 Python 程序的一些基础知识。

第 2 章介绍列表，列表中存储了 *Escape* 游戏中的许多信息。你将看到如何使用列表来制作地图。

第 3 章将展示如何让程序的各个部分循环运行，以及如何使用这部分知识来显示地图。你还将使用墙柱和地砖为空间站设计房间布局。

在第 4 章中，我们将开始创建 *Escape* 游戏，并为空间站设定蓝图。你将看到程序是如何理解空间站的布局的，以及程序是如何使用蓝图来创建房间，并且放置墙体和地砖的。

在第 5 章中，你将学习如何在 Python 中使用字典，这是存储信息的另一种重要方法。你还将学习如何添加游戏中所使用的所有对象的信息，并了解如何设计自己的房间。之后当你在第 6 章中完善扩充了程序时，你将能看到所有的场景，并且能够查看所有房间。

空间站建设好之后，你可以进入其中。在第 7 章中，你会学到如何添加航天员的角色，并了解如何在房间中四处移动并设置运动动画。

第 8 章会介绍如何通过阴影、墙体的颜色变化以及新的绘制房间的函数来优化游戏的图像，新的函数能够消除图像中的毛刺。

当空间站可操作时，你可以打开个人的物品包。在第 9 章中，你可以控制角色检查、拾取和放下物品。在第 10 章中，你将了解如何使用及组合物品，从而解决游戏中的谜题。

空间站即将完成。第 11 章将增加限制进入某些区域的安全门。正当你要站起来庆祝自己的工作成果时，危险就潜伏在四周，因为你会在第 12 章中添加移动的危险物品。

在阅读本书的过程中，你需要完成一些练习任务，以便有机会测试程序和你的编程技能。如果需要，对应的答案在每章的结尾。

书后的附录也能够提供帮助。附录 A 包含整个游戏的代码。如果不确定在何处添加了新代码，可以在这里检查。如果你不记得存储的内容，则附录 B 中的表格包含了最重要的变量、列表和字典。如果程序无法正常运行，则附录 C 提供了一些调试的提示。

有关本书的更多信息和资源，可以访问本书的网站 www.sean.co.uk/books/mission-python/。你也可以在 https://nostarch.com/missionpython/ 上找到一些信息和资源。

## 0.3 安装软件

该游戏使用 Python 编程语言和 Pygame Zero 来编写，Pygame Zero 可以更简单地处理图像和声音。所以在开始之前，你需要安装这两项内容。

说明：最新的安装说明，请访问本书的网站：https://nostarch.com/missionpython/。

### 1. 在 Raspberry Pi 上安装软件

如果你使用的是 Raspberry Pi，那么其已经安装了 Python 和 Pygame Zero。你可以直接跳到后面 0.4 节的内容。

### 2. 在 Windows 操作系统上安装软件

在 Windows 操作系统上安装软件，步骤如下：

1）打开浏览器访问 https://www.python.org/downloads/。

2）在撰写本书时，Python 的版本是 3.7，不过这个版本对 Pygame 的支持不是很好。所以我建议你安装 Python 3.6。你可以在网站下载页面的下方找到旧版本的 Python（见图 0-1）。将文件保存在桌面或其他容易找到的位置（Pygame Zero 仅适用于 Python 3，因此，如果你之前使用的是 Python 2，那么使用本书时需要安装 Python 3）。

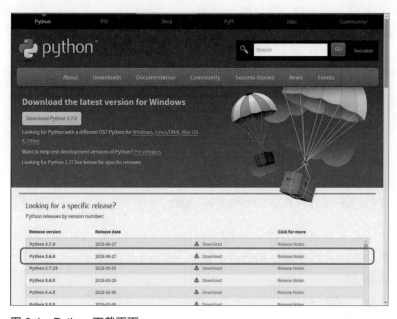

图 0-1　Python 下载页面

3）当文件下载完成之后，双击文件运行程序。

4）在弹出的对话框中要将 Add Python 3.6 to PATH（将 Python 3.6 添加到 PATH 当中）前面的复选框选上（见图 0-2）。

图 0-2　Python 安装界面

5）单击 Install Now（马上安装）。

6）如果系统询问你是否允许此应用程序对设备进行更改，请单击 Yes 按钮。

7）Python 将需要几分钟来安装。完成后，单击 Close 按钮以完成安装。

## 3. 在 Windows 操作系统上安装 Pygame Zero

现在 Python 已经安装好了，接下来需要安装 Pygame Zero。步骤如下所示：

1）按住 Windows 键，然后按下 R 键，这将打开 Run（运行）窗口（见图 0-3）。

2）输入 cmd（见图 0-3），然后按下 Enter 键或单击 OK 按钮。

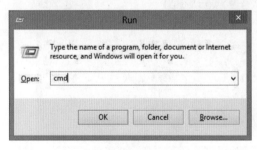

图 0-3　Windows 操作系统的 Run（运行）窗口

3）以上操作应该会打开一个命令行窗口，见图 0-4。在这里，你可以输入用于管理文件或启动程序的指令。输入 pip install pgzero，然后在该行的末尾按下 Enter 键。

4）Pygame Zero 应该开始安装了。稍等片刻，当提示符"＞"再次出现时，就说明安装完成了。

图 0-4　命令行窗口

5）如果收到错误信息，提示无法识别 pip，那么请尝试重新安装 Python。你可以通过再次运行安装程序或使用 Windows 操作系统中的控制面板来卸载 Python。重新安装时要确保选中"Add Python 3.6 to PATH"的复选框（见图 0-2）。重新安装 Python 之后，尝试再次安装 Pygame Zero。

6）当 Pygame Zero 完成下载和安装，并且你可以再次输入的时候，输入以下内容：

```
echo print("Hello!") > test.py
```

7）此行代码会创建一个名为 test.py 的新文件，文件中包含指令 print("Hello!")。我将在第 1 章中解释 print( ) 指令，但现在只是制作测试文件的一个快速的方法。输入括号（圆括号）和引号时要小心：如果你遗漏了一个，那么这个文件将无法正常工作。

8）输入以下内容来打开测试文件：

```
pgzrun test.py
```

9）短暂的延迟后，将会打开一个空白窗口，窗口标题为 Pygame Zero Game。再次单击命令行窗口让其显示在前面：你应该能看到文本"Hello！"，在命令行窗口中按下 Ctrl+C 键停止程序运行。

10）如果想删除测试程序，可以输入 del test.py。

### 4. 在其他设备上安装软件

Python 和 Pygame Zero 可用于其他计算机操作系统。Pygame Zero 部分的设计目的就是为了让游戏能够在不同的操作系统上运行，因此只要能运行 Pygame Zero 的话，*Escape* 游戏代码都可以运行。本书仅为使用 Windows 操作系统和 Raspberry Pi 的用户提供指导。如果你使用的是其他操作系统，那么可以从 https://www.python.org/downloads/ 下载 Python，并从网站 http://pygame-zero.readthedocs.io/en/latest/installation.html 上找到有关安装 Pygame Zero 的方法。

## 0.4　下载游戏文件

我提供了 *Escape* 游戏所需的所有程序文件、声音和图像。你还可以下载本书所有的程序，因此，如果你遇到什么问题，可以直接使用我的文件。本书的所有内容都放在一个单独的 ZIP 文件中，文件名为 escape.zip。

## 1. 在 Raspberry Pi 上下载并解压文件

要在 Raspberry Pi 上下载游戏文件，步骤如下，可参考图 0-5。图 0-5 中的数字表示具体的步骤。

❶ 打开浏览器访问 https://nostarch.com/missionpython/，单击下载文件的链接。

❷ 在桌面上，单击屏幕顶部任务栏上的文件管理器图标。

❸ 双击你的下载文件夹将其打开。

❹ 双击 escape.zip 文件。

❺ 单击 Extract files 按钮以打开解压文件对话框。

❻ 更改存放解压文件的文件夹为 /home/pi/escape。

❼ 确定选择了 Extract files with full path 选项以提取具有完整路径的文件。

❽ 单击 Extract 按钮解压。

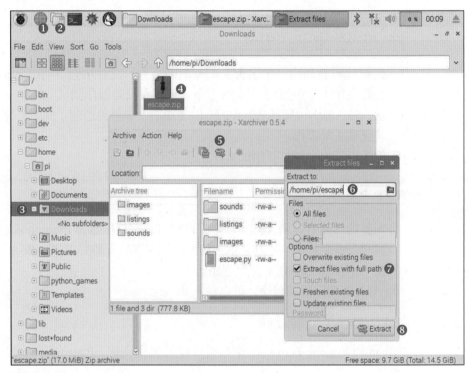

图 0-5　解压文件的步骤

## 2. 在 Windows 操作系统上解压文件

在 Windows 操作系统上解压文件的步骤如下。

1）打开浏览器访问 https://nostarch.com/missionpython/，单击下载文件的链接。将 ZIP 文件保存在桌面、"文档"文件夹或其他你容易找到的位置。

2）根据你使用的浏览器，ZIP 文件可能会自动打开，或者在屏幕底部有一个打开的选项。如果都没有发生，那么按住 Windows 键，然后再按下 E 键打开 Windows 资源管理器窗口。进入保存 ZIP 文件的文件夹，双击 ZIP 文件。

3）单击窗口顶部的 Extract All。

4）我建议你在"文档"文件夹中创建一个名为 escape 的文件夹，并将文件解压到那里。我的"文档"文件夹是 C:\Users\Sean\Documents，所以我只需要在文件夹名称的末尾输入 \escape，这样就可以在该文件夹中创建一个新文件夹（见图 0-6）。如有必要，可以先使用 Browse... 按钮进入"文档"文件夹。

5）单击 Extract 按钮解压。

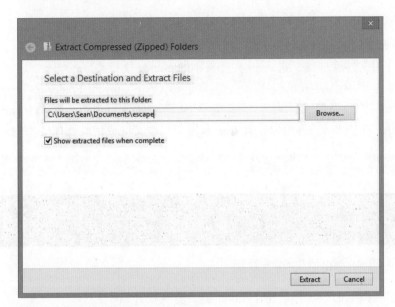

图 0-6　设置存放解压文件的文件夹

## 3. ZIP 文件中的内容

你刚刚下载的 ZIP 文件中包含三个文件夹和一个 Python 程序——escape.py（见图 0-7）。Python 程序是 *Escape* 游戏的最终版本，因此你可以立即开始玩这个游戏。Images（图像）文件夹包含本游戏和本书其他项目所需的所有图片。sounds（声音）文件夹包含声音效果。

在 listings（清单）文件夹中，你可以找到本书所有编号的代码。如果程序无法正常运行，那么可以再尝试一下这个文件夹中的文件。你需要先从 listings 文件夹中复制它，然后将其粘贴到现在 escape.py 程序所在的 escape 文件夹中。这样做是因为程序必须与 images（图像）和 sounds（声音）文件夹放在同一个目录下才能正常工作。

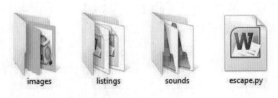

图 0-7　ZIP 文件中的内容

## 0.5 运行游戏

当下载 Python 时，还会同时下载一个名为 IDLE 的程序。IDLE 是一个集成开发环境（Integrated Development Environment，IDE），你可以用它来编写 Python 程序。依照提示你可以在 IDLE Python 编辑器中运行本书中的某些程序。但是，大多数程序都要使用 Pygame Zero，而你必须从命令行运行这些程序。请按照此处的说明运行 *Escape* 游戏和任何其他 Pygame Zero 程序。

### 1. 在 Raspberry Pi 上运行 Pygame Zero 程序

如果你使用的是 Raspberry Pi，则运行 *Escape* 游戏步骤如下：

1）使用文件管理器，进入 pi 文件夹中的 escape 文件夹。

2）单击菜单上的 Tools（工具），然后选择 Open Current Folder in Terminal（在终端中打开当前文件夹），或者按下 F4 键，命令行窗口（也称为 shell）将会打开，见图 0-8。你可以在此处输入用于管理文件或启动程序的指令。

图 0-8　Raspberry Pi 中的命令行窗口

3）输入以下命令，然后按下 Enter 键。游戏就开始了！

```
pgzrun escape.py
```

这就是在 Raspberry Pi 上运行 Pygame Zero 程序的方式。如果要再次运行同一程序，则重复最后一步。如果要运行保存在同一文件夹中的其他程序，则重复上一步，不过在 pgzrun 之后要修改文件名。如果要运行其他文件夹中的 Pygame Zero 程序，则从步骤 1）开始进行操作，不过要在想运行的程序的文件夹中打开命令行窗口。

### 2. 在 Windows 操作系统上运行 Pygame Zero 程序

如果你使用的是 Windows 操作系统，那么运行程序的步骤如下：

1）进入你的 escape 文件夹（按住 Windows 键，然后按下 E 键再次打开 Windows 资源管理器）。

2）单击文件上方的地址栏，见图 0-9。在其中输入 cmd，然后按下 Enter 键。

3）这将会打开命令行窗口。你的 escape 文件夹将出现在最后一行的"＞"符号之前，见图 0-10。

4）在命令行窗口中输入 pgzrun escape.py，按下 Enter 键，*Escape* 游戏就开始了。

这就是在 Windows 操作系统上运行 Pygame Zero 程序的方法。如果要再次运行同一程序，则重复最后一步。如果要运行保存在同一文件夹中的其他程序，则重复上一步，不过在 pgzrun 之后要修改文件名。如果要运行其他文件夹中的 Pygame Zero 程序，则从步骤 1）开始进行操作，不过要在想运行的程序的文件夹中打开命令行窗口。

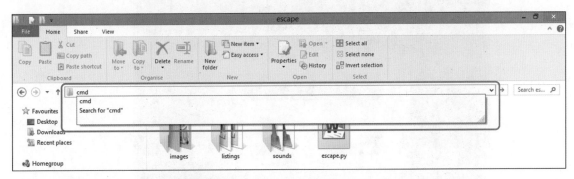

图 0-9 查找你的 Pygame 文件的路径

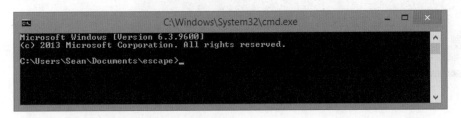

图 0-10 Windows 操作系统中的命令行窗口

## 0.6 玩游戏

你是在离家数千万千米的火星空间站上独自工作。其余的机组人员正在执行远程外出任务——探索峡谷以寻找生命的迹象，并且几天都不会回来。生命保障系统发出的"嗡嗡"声包围着你。

突然响起的警报声让你大吃一惊！空间站的墙壁上出现了一道裂缝，其中的空气正慢慢泄漏到火星大气层。你迅速但小心地穿上航天服，但计算机告诉你航天服已损坏。你的生命处于危险之中。

你的首要任务是修复航天服，以确保可靠的氧气供应。你的第二个任务是广播寻求帮助，但空间站的广播系统出现了故障。昨晚，从地球飞来的 Poodle 着陆器坠落在火星上，如果找到它，也许可以使用它的广播系统发出求救信号。

使用方向键在空间站内移动。要检查物品，就站在物品前面按空格键。或者说，如果有一个物品让你无法前进，那么就站在这个物品前面按空格键。

要拾取物品，请在该物品前按 G 键 [ get（获取）]。

要选择屏幕顶部的物品（见图 0-11），可以按 Tab 键在各个物品之间移动。如果要放下选定的物品，就按下 D 键。

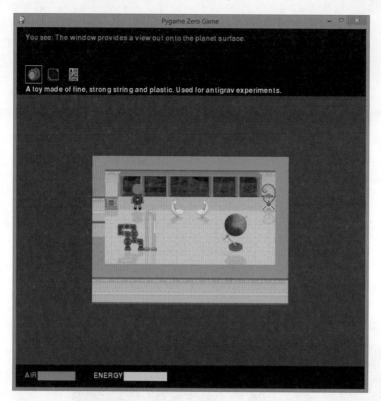

You see: The window provides a view out onto the planet surface.

A toy made of fine, strong string and plastic. Used for antigrav experiments.

AIR　　　　ENERGY

图 0-11　开始你的冒险吧

　　要使用某个物品，首先在清单中选中它，或者走到物品前面，再或者进入物品，然后按下 U 键。当你拿着一个物品站在另一个物品前面时，如果按下 U 键，则可以组合物品，将它们一起使用。

　　你需要研究如何创造性地使用有限的资源来解决问题以使自己获得安全。祝你好运！

# 第 **1** 章

## 你的第一次太空行走

　　游戏开始，欢迎加入太空部队。你的任务是在火星上建立第一个人类前哨基地。多年来，世界上最伟大的科学家一直在派遣机器人到火星表面进行勘测。马上你也将踏上这片尘土飞扬的星球。

　　前往火星需要 6～8 个月的时间，具体取决于地球与火星的相对位置。在旅途中，飞船有撞到流星和其他空间碎片的风险。如果发生任何损坏，则需要穿上航天服，进入气闸舱，然后进入太空以便进行维修，这类似于图 1-1 中的航天员。

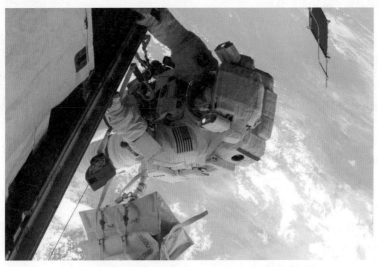

图 1-1　NASA 航天员 Rick Mastracchio 在 2010 年进行了 26min 的太空行走，照片由航天员 Clayton Anderson 拍摄。此次太空行走是进行更换冷却水箱的操作步骤之一

在本章中，你将使用 Python 在屏幕上移动一个角色进行太空行走。你将运行你的第一个 Python 程序，并学习本书后面创建空间站所需的一些基本 Python 指令。你还将学习如何通过重叠图像来营造画面的深度，这在以后我们以 3D 方式创建 *Escape* 游戏时是必不可少的（从第 3 章的第一个房间模型开始）。

如果你尚未安装 Python 和 Pygame Zero（Windows 操作系统用户），请参阅引言中 0.3 节的内容。在本章中，你还需要 *Escape* 游戏文件。引言中 0.4 节的内容会告诉你如何下载和解压这些文件。

## 1.1 启动 Python 编辑器

前面我们说过，本书使用的是 Python 编程语言。编程语言提供了一种为计算机编写指令的方法。我们的指令会告诉计算机要干什么，比如对按键做出反应或是显示图像。我们还会使用 Pygame Zero，它为 Python 提供了一些处理声音和图像的附加指令。

安装 Python 时就附带了 IDLE 编辑器，我们可以使用该编辑器来创建 Python 程序。因为你已经安装了 Python，所以目前你的计算机上也应该安装了 IDLE。以下内容说明了如何启动 IDLE，具体取决于你使用的是哪种操作系统的计算机。

### 1. 在 Windows 10 操作系统中启动 IDLE

在 Windows 10 操作系统中启动 IDLE 步骤如下：
1）单击屏幕底部的 Cortana 搜索框，然后输入 Python。
2）单击 **IDLE** 将其打开。
3）在运行 IDLE 的情况下，鼠标右键单击屏幕底部任务栏中的图标将其固定在任务栏中。这样，之后你只需要单击这里就能运行 IDLE 了。

### 2. 在 Windows 8 操作系统中启动 IDLE

在 Windows 8 操作系统中启动 IDLE 步骤如下：
1）将光标移到屏幕右上角以显示超级按钮工具栏。
2）单击搜索图标，然后在文本框中输入 Python。
3）单击 **IDLE** 将其打开。
4）在运行 IDLE 的情况下，鼠标右键单击屏幕底部任务栏中的图标将其固定在任务栏中。这样，之后你只需要单击这里就能运行 IDLE 了。

### 3. 在 Raspberry Pi 中启动 IDLE

在 Raspberry Pi 中启动 IDLE 步骤如下：
1）单击屏幕左上方的应用菜单。
2）找到 Programming（编程）类别。
3）单击 Python 3（IDLE）图标。Raspberry Pi 同时安装了 Python 2 和 Python 3，但是本书中的大多数程序只能在 Python 3 中运行。

## 1.2　Python shell 介绍

当启动 IDLE 时，你就会看到 Python shell，如图 1-2 所示。你可以在此窗口中输入 Python 指令，并且能够立即看到计算机的响应。提示符三个箭头（>>>）是告诉我们 Python 已准备就绪，可以输入指令了。

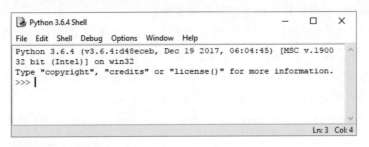

图 1-2　Python shell

现在，让 Python 干点什么吧!

### 1.　显示文本

我们的第一条指令是要让 Python 在屏幕上显示文本信息。输入以下内容然后按 Enter 键:

```
>>> print("Prepare for launch!")
```

当我们输入的时候，文本的颜色会发生变化。最开始的时候是黑色的，但一旦 Python 识别出具体的指令，比如 print，那么文本的颜色就会改变。

图 1-3 显示了你刚刚输入的指令中不同部分的名称。紫色部分的 print 称为内置函数，这是一个 Python 中始终可用的指令。函数 print( ) 的功能是在屏幕上显示放置在括号（圆括号）之间的信息。函数圆括号之间的信息是函数的参数。

图 1-3　你第一个指令中的不同部分

在我们的第一条指令中，函数 print( ) 的参数是一个字符串，程序员将其称为一段文本（字符串可以包含数字，但是这些数字也会被视为字母，因此你不能对字符串中的数字进行计算）。双引号（" "）表示字符串的开头和结尾。你在双引号之间输入的所有内容均为绿色，引号也是绿色的。

颜色不仅可以使屏幕变得鲜亮，还可以突显指令的不同部分，以帮助你发现错误。例如，如果最后的圆括号也是绿色的，那就表示你忘记了字符串后面的双引号。

如果指令输入正确，那么你的计算机将显示以下文本:

指令中绿色的字符串现在在屏幕上，并以蓝色显示。所有的输出（计算机给你的信息）都显示为蓝色。如果你的指令无效，可以按以下步骤检查：

1）检查 print 的拼写。如果正确的话，它将变成紫色。

2）使用了两个圆括号。其他括号类型无效。

3）使用了两个双引号。不要使用两个单引号（' '）来代替一个双引号（"）。虽然双引号包含了两个单引号，但它在键盘上是不同符号。

如果你在双引号之间键入的文本有错误，那么这条指令依然有效，只是计算机将完全显示你输入的内容。例如，试试输入以下指令：

```
>>> print("Prepare for lunch!")
```

现在输错字符串没有关系，但稍后在书中输入字符串或指令时要格外小心。错误通常会阻止程序正常运行，而且即使代码的颜色会不同，在较长的程序中也很难找到错误。

---

**练习任务#1**

你可以输入新的指令来输出你的名字吗？（你可以在每章末尾的"任务汇报"部分中找到有关练习任务的答案。）

---

## 2. 输出和使用数字

现在，你已经学会使用函数 print( ) 来输出字符串了，另外它也可以进行计算并输出数字。尝试输入以下内容：

```
>>> print(4 + 1)
```

计算机会输出数字 5，这是 4+1 的结果。与字符串不同，你不必在数字和计算两边加上引号。不过你仍然需要使用圆括号来标记要提供给函数 print( ) 的参数的开始和结束。

如果你在 4+1 两边加上引号会怎样？可以试试！结果是计算机会输出"4+1"，因为它没有将 4 和 1 视为数字，而是将参数视为字符串。你要求它输出"4+1"，它就输出对应的内容，如下：

```
>>> print(4 + 1)
5
>>> print("4 + 1")
4 + 1
```

Python 仅在不包含引号的情况下进行计算。你将会在程序中大量使用函数 print( )。

## 1.3 脚本模式介绍

shell 非常适合快速计算和简短的指令。但是对于更长的指令集，例如游戏，采用创建程序的方式就要更适合。程序是我们保存的可重复运行的指令集，我们可以在需要时直接运行和修改它们，而无须重新输入。我们将使用 IDLE 的脚本模式来构建程序。当你在脚本模式中输入指令时，它们不会像在 shell 中那样立即运行。

在 shell 窗口顶部的菜单中选择"File（文件）"，然后选择"New File（新建文件）"以打开一个空白的新窗口，见图 1-4。在保存文件并命名之前，窗口顶部的标题栏显示为"Untitled（无标题）"。当保存文件后，标题栏将显示文件名。从现在开始，我们几乎会一直使用脚本模式来创建 Python 代码。

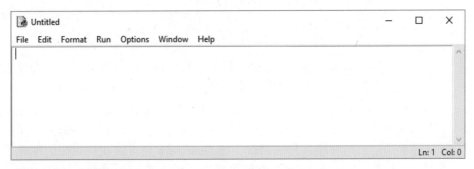

图 1-4　Python 脚本模式

当你在脚本模式中输入指令时，可以使用鼠标或方向键来更改、添加和删除指令，这样更容易纠正错误并构建程序。从第 4 章开始，我们将在脚本模式中逐段添加 *Escape* 游戏的代码并在这个过程中测试每段新增加的代码。

> **提　示**
>
> 如果不确定是在 shell 窗口还是在脚本模式窗口中，可以查看顶部的标题栏。shell 窗口会显示 Python shell，而脚本模式窗口会显示"Untitled（无标题）"或是程序名称。

## 1.4 创建星空背景

我们编写的第一个程序实现的功能是显示一张星空图像作为太空行走程序的背景。这个图像位于 escape 文件夹下的 images 文件夹中。首先在 IDLE 的新建窗口中输入代码段 listing 1-1。

**说明：**本书中，我将使用带圆圈的数字（比如❶）来表示对程序中不同代码进行的解释，以便大家更容易理解。不要在程序中输入这些数字。如果你在文字中看到带圆圈的数字，那么可以返回到程序部分看看我们是在解释程序的哪一部分。

listing 1-1 是一个非常短的程序，但在输入时需要注意一些细节：def 语句❹在其行末需要加一个冒号，而下一行❺开始的时候需要添加四个空格。当你之后在 def

语句行的末尾加上冒号并按下 Enter 键的时候，IDLE 会自动为你在下一行的开头添加四个空格。

```
listing 1-1.py  ❶ # 太空行走
                 # by Sean McManus
                 # www.sean.co.uk / www.nostarch.com

             ❷ WIDTH = 800
                 HEIGHT = 600
             ❸ player_x = 600
                 player_y = 350

             ❹ def draw():
             ❺     screen.blit(images.backdrop, (0, 0))
```

代码段 listing 1-1　在 Pygame Zero 中设置星空背景

选择屏幕顶部的 **File**（文件）菜单，然后选 **Save**（保存）来保存文件（从现在开始，我们会使用一种简单的方式来描述菜单选择，比如：**File→Save**）。在保存对话框中，将程序命名为 listing1-1.py。还记得你在引言中创建了一个 escape 文件夹么，这里需要把文件保存在这个文件夹当中。这样，它与本书的 images 文件夹就位于同一文件夹中了，当程序运行的时候，Pygame Zero 就可以找到对应的图像了。保存文件之后，你的 escape 文件夹当中现在就应该包含了 listing1-1.py 文件和 images 文件夹，见图 1-5（还包含了 listings 和 sounds 文件夹）。

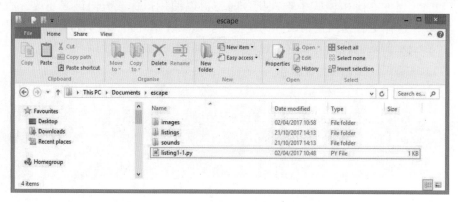

图 1-5　新的 Python 程序要和 images 文件夹放在同一个文件夹（escape）下

稍后我们来解释程序 listing1-1.py 是怎样运行的，现在首先来运行该程序看看星空背景的效果。该程序需要来自 Pygame Zero 的一些指令来管理图像，因此如果正常运行这些指令，我们需要使用 pgzrun 指令来运行该程序。每当我们在 Python 程序中使用 Pygame Zero 的指令时，都需要使用 pgzrun 来运行它。

我们要在计算机的命令行中输入以下命令，就像在引言中运行 *Escape* 游戏时做的一样。首先，回顾一下引言中 0.5 节的内容，按照其中的说明在 escape 文件夹中打开计算机的命令行终端。然后在命令行中运行以下指令：

```
pgzrun listing1-1.py
```

**警告：** 不要在 IDLE 中输入这条指令：请务必在 Windows 操作系统或 Raspberry Pi 的命令行中输入这条指令。引言中有详细的说明。

如果一切都按计划进行，那么你就会看到一幅星空的图像，见图 1-6。

图 1-6　星空背景（图片由 NASA/JPL-Caltech/UCLA 提供，显示的是星团 NGC 2259）

### 使用我的程序

如果你的程序无法正常运行，那么可以试试我的示例程序。例如，你可以使用我的 listing1-1.py 程序，然后再修改这个程序以创建自己的程序 listing1-2.py，以便你的程序能够继续进行下去。

你可以在 escape 文件夹中的 listings 文件夹下找到我的程序。只需在 Windows 操作系统或 Raspberry Pi 桌面上打开 listings 文件夹，找到你需要的程序，将其复制并粘贴到 escape 文件夹中。然后在 IDLE 中打开复制的程序并按照书中之后的步骤操作即可。当你查看文件夹时，应该可以看到 Python 文件和 images 文件夹在同一个文件夹下（见图 1-5）。

### 程序说明

你在本书中看到的大多数指令都可以在其他 Python 程序中使用。例如，函数 print( ) 就始终可用。为了完成本书中的程序，我们还使用了 Pygame Zero。它为 Python 添加了一些新功能，尤其是在屏幕显示和声音方面，可以方便我们创建游戏。代码段 listing1-1 中用到了我们的第一个 Pygame Zero 指令，该指令用于设置游戏窗口并绘制星空背景图。

下面让我们仔细看一下程序 listing1-1.py 是如何工作的。

程序的前几行是注释 ❶。当你使用符号 # 时，Python 会忽略同一行中后面的所有内容，并且该行会显示为红色。这些注释能够帮助你和其他人更好地阅读程序，了解该程序的功能及其运行方式。

接下来，程序需要存储一些信息。几乎所有的程序都需要存储信息，以便之后使用或引用。例如，在许多游戏中，计算机需要记录分数和玩家在屏幕上的位置。由于这些细节在程序运行时会发生变化，所以需要将它们保存在变量中。变量是你为信息指定的名称，可以是数字或文本。

创建变量的指令如下：

---
变量名 = 变量的值

---

**说明：** 此处用斜体突出显示的部分在代码术语中称为占位符。这里你需要输入你自己的变量名，而不是直接写"变量名"三个字。

例如，以下的指令是将数值 500 放到变量 score 当中：

---
score = 500

---

理论上你的变量名可以随便起，但是，为了让程序更易于理解和书写，我们应该选择能够描述变量意义或作用的名称作为变量名。注意，你不能使用 Python 语言中保留的名字来命名变量（例如 print）。

**警告：** Python 是区分大小写的，这意味着在使用变量时要非常注意字母的大小写。实际上，score、SCORE 和 Score 会被看作是三个完全不同的变量。要确保你完全复制了我的示例程序，否则它们可能无法正常工作。

代码段 listing 1-1 中首先创建了一些变量。Pygame Zero 使用变量 WIDTH 和 HEIGHT ❷ 来设置游戏窗口的大小。因为 WIDTH 的值（800）大于 HEIGHT 的值（600），所以我们的窗口比较宽。

注意，这两个变量名全部都是**大写字母**，这种形式是告诉我们它们是**常量**。常量是一种特殊的变量，它的值在设置后就最好不要修改。大写字母可以帮助正在查看程序的其他程序员明确他们不应在程序中的任何其他位置更改这些变量。

进行太空行走时，变量 player_x 和 player_y ❸ 将保存玩家在屏幕上的位置。在本章后面的内容中，我们将使用这些变量将玩家绘制在屏幕上。

然后，我们使用 def( ) ❹ 定义了一个函数。函数是一组你可以在程序中随时使用的指令集。你已经知道了一个名为 print( ) 的内置函数。我们将在这段程序中创建一个名为 draw( ) 的函数。每当屏幕改变的时候，Pygame Zero 都会使用它来重新绘制屏幕。

我们要使用关键字 def ❹ 来定义一个函数，关键字之后是我们选择的函数名、空的圆括号以及冒号。有时，你会在函数的圆括号中加上要传递给函数的信息，这个我们在后面会看到。

然后，我们需要在函数中添加一些指令，以实现函数的功能。为了告诉 Python 哪些指令属于该函数，我们要将它们缩进四个空格。Pygame Zero 的 screen.blit( ) 指令 ❺ 会在屏幕上绘制一个图像。在圆括号中，我们会告诉指令要绘制哪个图像以及在哪里绘制，就像这样：

```
screen.blit(images.image_name, (x, y))
```

我们使用的是 images 文件夹中的 background.jpg 文件，这个就是那张星空背景的图片。在程序 listing1-1.py 中，我们写的是 images.backdrop。这里我们不必添加文件的扩展名 .jpg，因为 Pygame Zero 处理图像是不需要扩展名的。另外，程序之所以知道图像在哪里，是因为所有图像都保存在 images 文件夹中，这样 Pygame Zero 就可以找到它们了。

我们将图像放在屏幕上 (0, 0) 的位置 ❸，这是屏幕的左上角。第一个数字是 x 坐标，它告诉 screen.blit( ) 指令我们希望图像离左边缘多远；第二个数字是 y 坐标，这个值是指我们希望图像往下移动多少。因为我们的窗口宽为 800 像素，所以 x 坐标的值是从窗口左边缘的 0 到右边缘的 799，类似地，y 坐标的值是从窗口顶部的 0 到底部的 599（见图 1-6）。

对于屏幕上的位置，我们使用了元组，这只是圆括号中的一组数字或字符串，例如 (0, 0)。在元组中，数字用逗号分隔，逗号后面还可以加上一个方便阅读程序的可选的空格。

关于元组，你需要了解的最重要的事情就是你必须注意标点符号的数量。因为元组也使用圆括号，而且这里将此元组放在了 screen.blit( ) 的圆括号内，所以这里有两组圆括号。当你书写代码时，你需要写上元组的圆括号，在元组之后还要写上 screen.blit( ) 结束的圆括号。

## 1.5 停止 Pygame Zero 程序

运行后，你的 Pygame Zero 程序将一直运行。如果想停止程序运行，可以单击游戏窗口右上角的关闭按钮（见图 1-6）。你也可以在输入 pgzrun 指令的命令行窗口中按下 Ctrl+C 键来关闭程序。

**警告：**不要关闭命令行窗口。否则，如果你要运行另一个 Pygame Zero 程序的话还需要再次打开命令行窗口。如果你不小心已经关闭了这个窗口，可以参考引言中 0.5 节的内容再次打开它。

## 1.6 添加火星和飞船

接下来让我们来添加火星和飞船。在 IDLE 中，将代码段 listing 1-2 中的最后两行添加到现在的程序 listing1-1.py 中。

**说明：**我将在程序中使用 --snip-- 来表示这里省略了一些代码，通常这是因为这些代码前面已经出现过了。在程序文件中我还会用灰色来显示一部分重复的代码，这样就能更加明确哪些是需要添加的新代码了，你可以打开程序来查看。重复的代码就不要再添加了！

在以下代码中，我省略了注释和变量的部分，以节省空间让你能够更容易看到新代码。不过要确保前面的代码还是保留在程序中。这里只需在末尾添加两行新代码即可。

listing 1-2.py

```
--snip--
def draw():
    screen.blit(images.backdrop, (0, 0))
    screen.blit(images.mars, (50, 50))
    screen.blit(images.ship, (130, 150))
```

代码段 listing 1-2　添加火星和飞船

将程序另存为 listing1-2.py。然后在命令行窗口中输入命令 pgzrun listing1-2.py 来运行程序。图 1-7 显示了新的窗口，你能看到其中包含了飞船和一个红色的星球。

图 1-7　火星和飞船（其中火星图片是 1991 年由哈勃空间望远镜拍摄到的）

说明：如果你的程序无法正常运行，请检查所有 screen.blit( ) 指令前是否都有四个空格，并且彼此对齐。

第一条新指令是将图像 mars.jpg 放置在靠近屏幕左上角的 (50, 50) 位置。第二条新指令是将飞船放在 (130, 150) 的位置。在每种情况下，坐标位置都是指图像左上角的位置。

## 1. 改变图像层叠关系：飞到火星后面

现在，让我们看一下如何让飞船飞到火星后面。其实只需要交换 IDLE 中最后两条指令的顺序，见代码段 listing1-3。你可以选中其中一行，按下 Ctrl+X 键将其剪切，然后单击新的一行，按下 Ctrl+V 键来粘贴。你也可以在屏幕顶部的编辑菜单中使用剪切和粘贴选项。

listing 1-3.py

```
--snip--
def draw():
    screen.blit(images.backdrop, (0, 0))
    screen.blit(images.ship, (130, 150))
    screen.blit(images.mars, (50, 50))
```

代码段 listing 1-3　交换火星和飞船指令的顺序

如果你之前的程序还在运行，那么现在将其关闭。将新程序另存为 listing1-3.py，然后在命令行中输入 pgzrun listing1-3.py 来运行它。现在你应该会看到飞船位于火星后面，见图 1-8。如果没有看到这个画面，那么首先要确认你是否运行了正确的文件（listing1-3.py），然后再检查程序中的代码是否正确。

飞船之所以飞到了火星的后面，是因为图像是按照程序中执行的顺序绘制到屏幕上的。在新的程序中，这个顺序是绘制星空背景、绘制飞船，最后绘制火星。每个新图像都显示在前一个图像的前面。如果有两个图像重叠，则最后绘制的图像会出现在之前绘制的图像的前面。

图 1-8　现在飞船在火星的后面

**练习任务#2**

你能仅移动一条绘图指令就让火星和飞船消失吗？如果你不确定该怎么做，可以尝试着移动绘图指令，然后保存运行程序看看效果。

保证函数 draw( ) 内绘图指令的缩进与对齐。完成练习后，将程序恢复到 listing 1-3，让飞船和火星重新显示出来。

## 2. 太空行走

现在该爬出飞船开始太空行走了。将代码段 listing 1-4 中后面的内容添加到你的程序中，同时要保证前面定义变量的程序没有改变。将新的程序另存为 listing1-4.py。

listing 1-4.py

```
--snip--
def draw():
    screen.blit(images.backdrop, (0, 0))
    screen.blit(images.mars, (50, 50))
❶    screen.blit(images.astronaut, (player_x, player_y))
❷    screen.blit(images.ship, (550, 300))

❸ def game_loop():
❹    global player_x, player_y
❺    if keyboard.right:
❻        player_x += 5
❼    elif keyboard.left:
        player_x -= 5
❽    elif keyboard.up:
        player_y -= 5
    elif keyboard.down:
        player_y += 5

❾ clock.schedule_interval(game_loop, 0.03)
```

代码段 listing 1-4　添加太空行走的指令

这段代码中，我们添加了一条新的指令 ❶，这条指令的作用是在变量 player_x 和 player_y 的位置绘制一个航天员。player_x 和 player_y 的定义在代码段 listing 1-1 的开头部分。正如你看到的，我们可以使用这些变量名来代替数字以表示航天员的位置。该程序将使用当前存储在这些变量中的数字来确定每次绘制航天员的位置。

注意程序中绘制图像的顺序已经发生了改变，现在的顺序是背景、火星、航天员和飞船。确保你程序中 screen.blit( ) 指令的顺序。

航天员开始是与飞船重叠的。由于先绘制航天员再绘制飞船，所以航天员似乎是从飞船的后面出来的。我们还将飞船的位置 ❷ 更改到了屏幕的右下区域。这为航天员提供了飞向火星的空间。

输入 pgzrun listing1-4.py 来运行程序。现在，你应该能够穿着航天服并使用方向键在太空中自由移动了，见图 1-9。你会看到自己飞在火星和星空背景之上，不过会飞在飞船后面。我们绘制图像的顺序产生了这种简单的视觉上的错觉。当我们在第 3 章学习绘制空间站时，将使用这种绘制方式为每个房间创建一种 3D 透视效果。我们会从后向前绘制房间，以营造出这种空间的深度感。

### 练习任务#3

你可以修改代码让飞船和航天员移动到屏幕的右上角吗？你需要更改 player_x 和 player_y 的起始值以及绘制飞船的位置。在程序开始时，要确保玩家在飞船内（实际上是在飞船后面）。也可以尝试其他的位置。这是熟悉屏幕位置的好方法。如果需要，见图 1-6。

图 1-9 你从飞船出来进行太空行走

### 3. 太空行走代码讲解

太空行走的代码段 listing 1-4 很有趣，因为它让你可以用键盘控制程序的一部分，这在 *Escape* 游戏中至关重要。让我们看看我们最终的太空行走程序是如何运行的。

在之前代码的基础上我们添加了一个名为 game_loop( ) 的新函数 ❸。该函数的作用是当你按下方向键时更改变量 player_x 和 player_y 的值。而更改变量就可以移动航天员的位置，因为绘制航天员时是使用这些变量来确定其在屏幕上的位置的。

在继续讲解之前，我们需要知道变量的两种不同类型。在函数内部使用的变量通常只属于该函数，而其他函数无法使用，它们被称为**局部变量**，局部变量的使用可以避免程序的某些变量的更改意外地干扰其他变量并引起错误。

但是在太空行走的代码中，我们需要在函数 draw( ) 和 game_loop( ) 中都使用变量 player_x 和 player_y，因此这里需要一个**全局变量**，全局变量在程序的任何部分都可以使用。所以我们在程序开始时要设置在任何函数外的全局变量。

为了告诉 Python 函数 game_loop( ) 需要使用的是在函数外设置的全局变量，我们需要使用 global 命令 ❹。将其放在函数的开头部分，并列出要用作全局变量的变量。这样做就像是取消了变量的保护功能，我们就可以在函数中更改函数外定义的变量了。我们不需要在函数 draw( ) 中使用 global，因为函数 draw( ) 中不会修改这些变量，而只是查看变量中的值。

我们用 if 命令告诉程序使用键盘控件。这些指令中，我们告诉 Python 只有满足 if 条件时才会执行某些操作。之后的语句通过四个空格的缩进来表示其属于 if 命令。这意味着这些指令在代码段 listing 1-4 中总共缩进了八个空格，因为它们还在函数 game_loop( ) 中。仅当 if 命令后面的条件为真时，这些指令才运行。如果不为真，则跳过 if 命令中的指令。

这种使用空格来表示哪些指令是"一起的"似乎很奇怪，尤其是在你使用过其他编程语言的情况下，但这会让程序更易于阅读。其他语言通常需要在这样的指令集前后加上花括号，相对而言 Python 就简单多了。

我们使用 if 命令来检查是否按下了→键 ❺。如果按下的话，我们会让 player_x 的值加 5，将航天员的图像向右移动一点。符号"+ ="表示增加多少，因此下面这行代码是将变量 player_x 的值增加 5：

```
player_x += 5
```

类似地，"- ="表示减少了多少，因此下面这行代码是将变量 player_x 的值减少 5：

```
player_x -= 5
```

如果→键没有按下，我们就检查←键有没有按下。如果按下的话，程序会让 player_x 的值减 5，将航天员的图像向左移动一点。若要实现这个功能，我们需要使用 elif 命令 ❼，这是 else if 的缩写。这里 else 可以理解为"否则"。简单用语言来解释，这部分代码的意思就是"如果→键按下，则 x 坐标值增加 5。否则，如果←键按下，则 x 坐标值减少 5"。之后我们以相同的方式使用 elif 检查↑键和↓键，并更改 y 坐标值以上下移动航天员。函数 draw( ) 使用变量 player_x 和 player_y 来确定航天员的位置，因此更改这些变量中的数字就能够让航天员在屏幕上移动。

最后一条指令 ❾ 是使用 Pygame Zero 中的时钟来设置函数 game_loop( ) 每 0.03s 运行一次，这样程序就会不断地检查你的按键情况并更改位置变量值。注意此处不要在 game_loop 后面加上任何括号。该指令不缩进，因为它不属于任何函数。当程序启动时，它将按照代码从上到下顺序执行非函数的指令。因此，程序的最后一行是在设置变量之后最先运行的一行。在最后一行中会启动函数 game_loop( ) 的运行。

函数 draw( ) 会在屏幕需要刷新时自动运行，这是 Pygame Zero 的特性。

### 练习任务#4

让我们为航天服安装一些新的推进器。你知道如何使航天员在上下方向上移动的速度比在左右方向上移动的速度快吗？即上下方向上的每次按键都应使航天服的移动比左右方向上的按键的移动更多。

在太空行走并进行飞船的必要维修时，可顺便欣赏一下壮丽的景色。在第 2 章中我们会开始新的学习内容，那里你将学会如何在太空中保证自己的安全。

## 1.7　你掌握了么

确认以下内容，以检查你是不是已经了解了本章的关键内容。如果对某一项不太确定，那就回到本章中对应的主题内容再仔细看看。

❑　可使用 IDLE 的脚本模式创建一个程序，能够保存、编辑和再次运行该程序。可选择 **File→New File** 进入脚本模式，或是选择 **File→Open** 编辑一个现有的文件。

❑　字符串是代码中的一段文本。用双引号来表示字符串的开始和结束。字符串中可以包含数字，但这些数字会被视为字母。

❑　变量可以存储信息，可以是数字或字符串。

❑　函数 print( ) 的功能是在屏幕上输出信息。你可以用它来输出字符串、数字、计算结果或变量值。

❑　程序中的注释用 # 标记。Python 会忽略 # 后同一行上的任何内容，注释可以帮助你和阅读你代码的人更好地理解程序。

❑　使用变量 WIDTH 和 HEIGHT 来设置游戏窗口的大小。

❑　要运行 Pygame Zero 程序，需要先从 Python 程序所在的文件夹中打开命令行，然后在命令行中输入"pgzrun 文件名 .py"来运行它。

❑　函数是一组指令集，只要你希望在程序中使用这些指令，就可以运行对应的函数。Pygame Zero 使用函数 draw( ) 来绘制或更新游戏屏幕。

❑　使用 screen.blit(images.image_name, (x, y)) 在屏幕的 (x, y) 位置绘制图像。x 坐标和 y 坐标的 0 值在屏幕的左上角。

❑　元组是由圆括号括起来的一组数字或字符串，以逗号分隔。设置完元组的内容后，程序将无法对其进行更改。

❑　要结束你的 Pygame Zero 程序，请单击窗口的关闭按钮，或在命令行窗口中按下 Ctrl+C 键。

❑　如果图像重叠，则在程序中最后绘制的图像会显示在最前面。

❑　elif 命令是"else if"的缩写。可以使用它来组合 if 条件，以便每次只运行一组指令。在我们的程序中是使用它来阻止玩家同时向两个方向移动的。

❑　如果我们要在函数内部更改变量并将其用于其他函数，则需要使用全局变量。我们在函数外部设置变量，当需要在函数内更改变量的时候，可以在函数内使用关键字"global"。

❑　我们可以使用 Pygame Zero 的时钟功能将函数设置为定期运行。

## 任务汇报

这是本章中练习任务的答案。

### 练习任务 #1

这个答案会有所不同，具体取决于你自己的姓名，不过答案看起来应该是这样的：

```
>>> print("Neil Armstrong")
```

### 练习任务 #2

如果你最后绘制了星空背景，那么就能隐藏火星和飞船。是不是很聪明！按以下顺序绘制图像：

```
--snip--
def draw():
    screen.blit(images.mars, (50, 50))
    screen.blit(images.ship, (130, 150))
    screen.blit(images.backdrop, (0, 0))
```

### 练习任务 #3

在程序开始时将 player_y 的值从 350 更改为一个较小的数字，例如 150。将用于绘制飞船的 screen.blit() 指令中元组的第二个数字更改为一个较小的数字，例如 50。只要飞船在右上角并且航天员开始时在飞船的后面，其他数值也可以。

### 练习任务 #4

要让玩家上下移动的速度快于左右移动的速度，可以更改每次按下按键时 player_y 的变化量。如果将 5 更改为一个更大的数字，则每次按下↑键和↓键时，玩家都会在屏幕上向上或向下移动更大的距离。显示的结果就好像航天员的运动速度变快了。但是如果你将这个值设得过高，则会失去动画的效果，就好像在太空传输一样。尝试不同大小的几个值试试看。

```
--snip--
    elif keyboard.up:
        player_y -= 15
    elif keyboard.down:
        player_y += 15
--snip--
```

# 第 2 章

## 列表可以救你的命

列表就是航天员的生命。他们使用的安全检查表能帮助他们确保所有系统正常工作，之后才会将生命托付给这些系统。例如，突发事件检查表会告诉航天员如何处理紧急情况，以避免他们手足无措。流程检查表会确保他们正确使用了设备，这样在回家的旅程中就不会发生什么意外。这些列表可以救他们的命。

在本章中，你将学习如何在 Python 中管理列表以及如何将其用于检查表、地图，甚至是宇宙中的任何东西。制作 *Escape* 游戏时，你将使用列表存储有关空间站布局的信息。

## 2.1　你的第一个列表：起飞检查表

起飞是太空旅行中最危险的一个环节。当你固定在飞船中时，一定要在发射之前仔细检查所有内容。一个简单的起飞检查表可能包含以下步骤：

☐　穿上航天服

☐　密封舱口

☐　检查舱内压力

☐　系好安全带

Python 有一种特别好的方式来存储这些信息：Python 列表，这就像一个能存储多项内容的变量。之后你会看到，我们可以用它来存储数字和文本，再或者是两者的组合。

让我们在 Python 中为航天员创建一个名为 take_off_checklist 的列表。因为这只是一个简单的练习，所以我们将在 Python shell 中输入代码，而没有创建一个新程序（如果需要回顾一下如何使用 Python shell，可以参阅 1.2 节的内容）。在 IDLE shell 中输入以下内容，在每一行的末尾按下 Enter 键以让列表新建一行：

```
>>> take_off_checklist = ["Put on suit",
                          "Seal hatch",
                          "Check cabin pressure",
                          "Fasten seatbelt"]
```

**警告：**确保代码中的方括号、引号和逗号都正确无误。如果出现任何错误提示，请再次输入列表代码，并仔细检查方括号、引号和逗号是否在正确的位置。为避免重新输入代码，可以使用鼠标选中 shell 中的文本，鼠标右键单击文本，选择"复制"，然后再次单击鼠标右键，选择"粘贴"。

让我们仔细看一下列表 take_off_checklist 是如何定义的。你在列表开始的时候输入了一个方括号。Python 在未检测到最后的方括号之前，一直认为列表没有完成。这就意味着你可以在每一行的末尾按下 Enter 键并在新的一行中继续输入这条指令，Python 在你输入最后的方括号前将一直认为你还没有完成这条指令。

引号告诉 Python 你将输入一些文本，同时引号表示了每段文本的开始和结束。每一项都需要有自己的开始和结束的引号。你还需要用逗号分隔不同的文本。最后一项后面不需要逗号，因为之后没有其他内容了。

### 1. 查看列表

如果想查看列表，可以使用第 1 章中介绍过的函数 print( )。将列表的名称添加到函数 print( ) 中，如下所示：

```
>>> print(take_off_checklist)
['Put on suit', 'Seal hatch', 'Check cabin pressure', 'Fasten seatbelt']
```

你不需要在 take_off_checklist 两边加引号，因为它是列表的名称，而不是一段文字。如果你加了引号，那么 Python 只会在屏幕上输出文本"take_off_checklist"，而不是将列表输出显示出来。大家可以尝试一下。

### 2. 增加和移除列表项

在创建了列表之后，你可以使用 append( ) 命令增加列表项。单词 append 的意思就是在末尾添加一些东西（想想书后面"附录"的单词 appendix）。append( ) 命令的使用如下所示：

```
>>> take_off_checklist.append("Tell Mission Control checks are complete")
```

首先输入列表的名字（不要加圆括号），然后输入一个"."和 append( ) 命令，在命令的圆括号中输入要添加的内容。新的添加项就会添加到列表的末尾，如果你此时输出列表就会看到新的添加项，如下所示：

```
>>> print(take_off_checklist)
['Put on suit', 'Seal hatch', 'Check cabin pressure', 'Fasten seatbelt', 'Tell
Mission Control checks are complete']
```

你还可以使用 remove( ) 命令从列表中移除某项。让我们移除 Seal hatch 这一项：

```
>>> take_off_checklist.remove("Seal hatch")
>>> print(take_off_checklist)
['Put on suit', 'Check cabin pressure', 'Fasten seatbelt', 'Tell Mission
Control checks are complete']
```

再次输入列表的名字以及之后的 "." 和 remove( ) 命令，在命令的圆括号中输入要移除的内容。

**警告：** 当你从列表中移除某项时，要确保你输入的内容是和列表中的对应内容完全一致的，包括大写字母和标点符号。否则，Python 将因为识别不到对应的列表项而报错。

## 2.2　使用序列号

我们应该在别人注意到之前将 Seal hatch 放回到列表中，你可以利用列表项的序列号将新增加的内容插入到列表中的指定位置。序列号是列表项在列表中的位置，Python 中序列号是从 0 开始计算的，不是从 1 开始，所以列表中的第一个列表项的序列号就是 0，第二个列表项的序列号为 1，以此类推。

### 1. 插入一个列表项

使用位置序列号，我们将 Seal hatch 放回到它原来的位置。

```
>>> take_off_checklist.insert(1, "Seal hatch")
>>> print(take_off_checklist)
['Put on suit', 'Seal hatch', 'Check cabin pressure', 'Fasten seatbelt', 'Tell
Mission Control checks are complete']
```

我想我已经把它放回去了。因为序列号是从 0 开始的，所以当我们将 Seal hatch 放置在位置 1 的时候，实际上这是列表的第二项。其余的列表项会依次向后挪以腾出这个位置，它们的序列号都会相应地增加，见图 2-1。

**图 2-1　在序列号 1 的位置插入列表项**
第一行：插入之前　第二行：插入之后

### 2. 访问独立的列表项

你还可以通过列表名加序列号的形式访问指定的列表项，这里序列号两端要加上方括号。例如，要输出列表中指定列表项，可以输入以下内容：

```
>>> print(take_off_checklist[0])
Put on suit
>>> print(take_off_checklist[1])
Seal hatch
>>> print(take_off_checklist[2])
Check cabin pressure
```

现在你能看到独立的列表项了。

**警告**：不要用错了括号。大致来说，在告诉 Python 要访问哪个列表项时，使用的是方括号；对列表或列表项执行某些操作时，使用的是圆括号，例如输出列表或是向列表中添加内容的时候。每个左括号都需要有一个相同类型的右括号。

## 3. 替换列表项

如果你知道列表项的序列号的话，那么就可以替换对应的列表项。只需要输入列表的名字以及你要替换的列表项的序列号，然后使用等号（=）告诉 Python 你想将这个位置换成什么内容即可，像这样：

```
>>> take_off_checklist[3] = "Take a selfie"
>>> print(take_off_checklist)
['Put on suit', 'Seal hatch', 'Check cabin pressure', 'Take a selfie', 'Tell
Mission Control checks are complete']
```

序列号 3 上旧的列表项被替换成了新的列表项。注意，替换的时候，Python 会忘了之前的内容。现在再次执行一次替换操作将原来的列表项换回去，像这样：

```
>>> take_off_checklist[3] = "Fasten seatbelt"
>>> print(take_off_checklist)
['Put on suit', 'Seal hatch', 'Check cabin pressure', 'Fasten seatbelt', 'Tell
Mission Control checks are complete']
```

## 4. 删除列表项

如果你知道列表项在列表中的位置，那么使用对应的序列号还可以删除对应的列表项，就像这样：

```
>>> del take_off_checklist[2]
>>> print(take_off_checklist)
['Put on suit', 'Seal hatch', 'Fasten seatbelt', 'Tell Mission Control checks
are complete']
```

列表项"Check cabin pressure"被从列表中删除了。

---

### 练习任务#1

现在可以再练习一下你新掌握的技能！我们刚刚删除了列表中的第二项。你能够再将这个列表项插回到正确的位置吗？操作后可以通过输出查看结果是不是正确。

---

## 2.3　创建太空行走检查表

正如你从第 1 章中了解到的那样，航天员的另一项危险活动就是穿上航天服进入黑暗的太空，此时就只有航天服能够保护你并为你提供氧气。这是一份检查表，能够帮助你保证太空行走的安全：

- ❑　穿上航天服
- ❑　检查氧气
- ❑　密封头盔
- ❑　测试广播
- ❑　打开气闸舱

让我们利用 Python 的列表来创建这个检查表，其名称为 spacewalk_checklist，如下所示：

```
>>> spacewalk_checklist = ["Put on suit",
                           "Check oxygen",
                           "Seal helmet",
                           "Test radio",
                           "Open airlock"]
```

记住要小心逗号和方括号的使用。

---

**练习任务#2**

测试代码始终是一个好主意，这样你就可以知道它是不是可以正常工作了。你可以尝试输出所有列表项以检查它们的顺序是否正确。

---

## 2.4　列表的列表：飞行手册

现在，我们已经有了两个列表：一个起飞检查表，一个太空行走检查表。我们可以将它们放在另一个列表中来创建我们的"飞行手册"。可以将飞行手册看成是一个包含两张纸的文件夹，每张纸上都有一个列表。

### 1．创建列表的列表

现在我们来制作"飞行手册"这个由列表构成的列表：

```
>>> flight_manual = [take_off_checklist, spacewalk_checklist]
```

我们在 IDLE 中输入列表的名字 flight_manual，接着输入一个等号（=），然后在一对方括号中将我们想放到列表 flight_manual 中的两个列表添加进来。就像之前创建列表时一样，我们用逗号将两个内容分开。新的列表 flight_manual 中包含两项：take_off_checklist 和 spacewalk_checklist。当你输出 flight_manual 时，看起来应该是这样的：

```
>>> print(flight_manual)
[['Put on suit', 'Seal hatch', 'Check cabin pressure', 'Fasten seatbelt',
'Tell Mission Control checks are complete'], ['Put on suit', 'Check oxygen',
'Seal helmet', 'Test radio', 'Open airlock']]
```

**警告**：如果你在列表中没有看到"Check cabin pressure"，那说明你跳过了练习任务 #1。为了更好地继续后面的内容，我建议你回过头去完成那个任务。如果需要，你可以参考本章末尾给出的练习任务的答案。

这个输出看起来有点乱！我们需要仔细看一下方括号的数量。方括号标记了每个列表的开始和结束。如果删除掉列表项，则输出如下所示：

```
[[ 第一个列表 ], [ 第二个列表 ]]
```

在中间，你可以看到一个逗号，逗号前面是表示第一个列表结束的方括号，而逗号后面是表示第二个列表开始的方括号。那么，当你尝试输出列表 flight_manual 中的第一项时会发生什么呢？

```
>>> print(flight_manual[0])
```

第一项是列表 take_off_checklist，所以对应的输出应该如下所示：

```
['Put on suit', 'Seal hatch', 'Check cabin pressure', 'Fasten seatbelt', 'Tell
Mission Control checks are complete']
```

**练习任务 #3**

尝试将其他检查表添加到 flight_manual 中并输出出来。例如，你可以添加一个星球着陆检查表或是与其他飞船的对接检查表。

## 2. 在飞行手册中查找列表项

如果你想查看 flight_manual 中指定的列表项，必须要给 Python 两个信息：这两个信息依次是该列表项所在的列表和对应在该列表中的序列号。每条信息都可以使用序列号，就像这样：

```
>>> print(flight_manual[0][1])
Seal hatch
```

在 shell 中对照之前的检查表看看这里的输出结果。列表项 Seal hatch 在第一个列表 take_off_checklist（序列号为 0）中，而在这个列表中，它是第二个（序列号为 1）。这是我们查找它对应使用的两个序列号。下面让我们从第二个列表中选择一个列表项：

```
>>> print(flight_manual[1][3])
Test radio
```

这次，我们输出了第二个列表（序列号为 1）中的第四项（序列号为 3）。尽管 Python 从 0 开始计数的方式有些让人迷惑，但很快，将序列号的数字减 1 就会变成你的习惯。

> **提　　示**
>
> 要在屏幕上输出列表或变量，如果是在 shell 中的话，可以省去 print( ) 命令，如下所示：
>
> ```
> >>> flight_manual[0][2]
> 'Check cabin pressure'
> ```
>
> 但是，这仅适用于 shell，在程序中无效。通常，你会有多种方法在 Python 中执行相同的操作。本书重点在于介绍最能帮助你制作 *Escape* 游戏的技术。当你学习 Python 时，会逐渐发现自己的风格和偏好。

## 2.5　合并列表

你可以使用加号（+）将两个列表合并为一个列表。让我们将起飞和太空行走所需的所有操作合并为一个列表，这个列表名为 skills_list：

```
>>> skills_list = take_off_checklist + spacewalk_checklist
>>> print(skills_list)
['Put on suit', 'Seal hatch', 'Check cabin pressure', 'Fasten seatbelt', 'Tell
Mission Control checks are complete', 'Put on suit', 'Check oxygen', 'Seal
helmet', 'Test radio', 'Open airlock']
```

这里你看到的是一个列表，其中包含了我们之前创建的两个列表中航天员所需的操作。我们还可以向列表添加更多的操作，只需要输入合并列表的名称，使用"+="在末尾添加单个列表项或其他列表即可（在第 1 章中，我们学习了如何使用"+="让变量的值增加）。

很少有人会进入太空，所以航天员很重要的一个作用就是分享这些经验。让我们添加一个名为 pr_list 的列表，以了解航天员可能需要的公共关系（PR）技能。我想最后一定会包含自拍技能！

```
>>> pr_list = ["Taking a selfie",
               "Delivering lectures",
               "Doing TV interviews",
               "Meeting the public"]
>>> skills_list += pr_list
>>> print(skills_list)
['Put on suit', 'Seal hatch', 'Check cabin pressure', 'Fasten seatbelt',
'Tell Mission Control checks are complete', 'Put on suit', 'Check oxygen',
'Seal helmet', 'Test radio', 'Open airlock', 'Taking a selfie', 'Delivering
lectures', 'Doing TV interviews', 'Meeting the public']
```

现在，skills_list 已添加了 pr_list 中的内容。skills_list 仍然只是包含单个列表项的一个列表，不像 flight_manual 是一个内部有两个单独列表的列表。

> **提　　示**
>
> 你可能注意到了：
>
> skills_list += pr_list
>
> 就是下面这一行的缩写：
>
> skills_list = skills_list + pr_list
>
> 这是一个非常有用的缩写！

## 2.6　通过列表创建地图：应急仓

室内定位是航天员的必备技能。你必须始终知道自己在哪里、离你最近的避难所在哪里，甚至是哪里有空气，因此你需要准备好随时进入紧急状态。*Escape* 游戏将保留玩家所在房间的地图，游戏必须正确地绘制房间并使玩家能够与对应物品进行交互。让我们看看如何使用列表来绘制应急仓的地图。

### 1. 创建地图

现在你已经知道了如何管理列表以及列表中的列表，那么我们就可以制作地图了。这次，我们要创建一个程序，而不是仅仅在 shell 中输入。在 Python 窗口的顶部，选择 **File→New File** 打开一个新窗口。

在新窗口中输入代码段 listing 2-1：

listing 2-1.py
```
room_map = [ [1, 0, 0, 0, 0],
             [0, 0, 0, 2, 0],
             [0, 0, 0, 0, 0],
             [0, 3, 0, 0, 0],
             [0, 0, 0, 0, 4]
           ]
print(room_map)
```

代码段 listing 2-1　设置应急仓

注意列表最后一行的末尾不需要逗号。该程序创建并显示了一个名为 room_map 的列表。我们新的应急仓大小是 5m×5m。列表 room_map 包含了五个列表。其中每个列表中都包含了五个数字，这表示地图的一行。我已经在代码中输入了数字，所以整个列表看起来像图 2-2 所示的网格，这就是房间的地图。比较地图和程序，你会发现第一个列表对应第一行，第二个列表对应第二行，以此类推。列表中数字 0 代表这个网格为空，数字 1～4 代表房间中的各种应急物资。在本章中这些数字代表的物资如下所示：

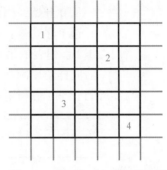

1）肥料　　　　　　　4）牙膏

2）备用氧气瓶　　　　5）应急毛毯

3）剪刀　　　　　　　6）应急广播

**警告：** 确保括号和逗号在正确的位置。将代码段 listing 2-1 写在程序中而不是将其输入到 shell 中的一个原因是，如果你写的有错误，在代码中更容易进行更正。

图 2-2　我们第一个简单的地图

单击 **File→Save** 将程序保存为 listing2-1.py，这个程序没有使用 Pygame Zero，因此可以直接从 IDLE 中运行，在窗口顶端的菜单栏中选择 **Run**（运行），然后选择 **Run Module**（运行模块），你将会在 shell 窗口中看到如下的输出内容：

```
[[1, 0, 0, 0, 0], [0, 0, 0, 2, 0], [0, 0, 0, 0, 0], [0, 3, 0, 0, 0],
[0, 0, 0, 0, 4]]
```

像这样显示列表时，很难搞清楚要查看的内容，这就是为什么我在程序中要像网格一样排列数字。但是此 shell 输出的是相同的地图和相同的数据，因此数据都在正确的位置上，只是以不同的方式呈现。在第 3 章中，你将学习如何输出这个地图的数据，使其看起来更像我们在代码中创建的列表。

## 2. 寻找应急物品

为了找出地图上特定点的物品，你需要给 Python 一个坐标来检查。坐标是 y 方向上的位置（从上到下）和 x 方向上的位置（从左到右）的组合。y 方向上的位置表示你要检查 room_map 中的哪个列表（网格中的行）。x 方向上的位置表示你要查看该列表中哪一项（网格中的列）（见图 2-3）。与之前一样，要记住序列号是从 0 开始的。

**警告：** 如果你以前使用过坐标，那么就应该知道通常 x 坐标是放在 y 坐标之前的。这里我们的顺序是相反的，这是因为这样代码更简单。如果将 x 坐标放在第一位，则必须使 room_map 中的每个列表对应的是从上到下代表地图中的一列，而不是从左到右的一行。这样的话地图在我们的代码中看起

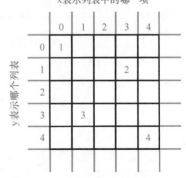

图 2-3　y 坐标表示要查看哪个列表，x 坐标表示要查看该列表中的哪一项

来就不正确了：地图将是斜 45° 的镜像形式，这将非常容易让人困惑！因此这里只需要记住，我们的地图坐标是先写 y 坐标再写 x 坐标。

来看下面这个例子：我们要在这个简单的地图上找出标记为 2 的物品所在的位置。这里我们需要了解以下内容：

1) 2 位于第二行（从上到下），因此它位于 room_map 的第二个列表中。序列号从 0 开始，因此我们将 2 减 1 得到 y 方向上的序列号为 1。使用图 2-3 来检查这个序列号：行的序列号是网格左侧的红色数字。

2) 2 在列表的第四列（从左到右）。同样，我们减 1 得到 x 方向上的序列号为 3。同样使用图 2-3 来检查该序列号。列的序列号是网格顶部的红色数字。

回到 shell 中利用 print( ) 命令来查看地图中对应位置的数字，指令如下：

```
>>> print(room_map[1][3])
2
```

正如预期的那样，结果是数字 2，即物品 2——备用氧气瓶。你已经成功地在第一张地图中完成了定位！

**练习任务#4**

在 shell 中输入以下命令之前，自己尝试计算一下输出：

```
>>> print(room_map[3][1])
```

可以参考图 2-2 的地图以及你的代码进行计算。如果需要更多帮助，可以参考图 2-3。然后在 shell 中输入指令来检查你的答案。

## 3. 交换房间里的物品

你还可以改变房间内的物品。让我们再次在 shell 中检查地图左上角位置的物品：

```
>>> print(room_map[0][0])
1
```

1 是肥料。我们在应急仓中不需要肥料，因此让我们在地图上将其更改为应急毛毯。用 5 代表它。还记得我们如何使用等号（=）更改列表项的值吗？这里我们可以采用相同的操作来更改地图中的数字，如下所示：

```
>>> room_map[0][0] = 5
```

我们输入坐标，然后输入新数字替换原来的数字。我们可以通过再次输出该坐标的值来检查代码是否正常工作了，该坐标的值之前是 1。通过输出 room_map 以确认应急毛毯是否在正确的位置上：

```
>>> print(room_map[0][0])
5
>>> print(room_map)
[[5, 0, 0, 0, 0], [0, 0, 0, 2, 0], [0, 0, 0, 0, 0], [0, 3, 0, 0, 0], [0, 0, 0,
0, 4]]
```

完美！应急毛毯存放在房间的左上角。第一个列表中的第一项改为了物品 5。

---

**练习任务#5**

应急仓的空间是很宝贵的！尝试用应急广播（6）替换牙膏（4）。你需要先找到 4 的坐标，然后输入命令进行更改。如果你需要有关序列号的帮助，请参考图 2-2 和图 2-3。

---

在 *Escape* 游戏中，列表 room_map 用于记住玩家当前所在房间中的物品。该地图存储出现在地图每个位置上的物品的编号；如果地面没有物品，则编号为 0。游戏中的房间都大于这个 5×5 的网格，因此 room_map 的大小将根据玩家所在房间的大小而变化。

## 2.7 你掌握了么

确认以下内容，以检查你是不是已经了解了本章的关键内容。

❑ Python 中的列表可存储文本、数字或两者的混合。

❑ 要查看列表项，可以在方括号中使用其序列号，例如，print(take_off_checklist[2])。

❑ 函数 append( ) 能够在列表末尾添加内容。

❑ 函数 remove( ) 可以从列表中移除列表项，例如，spacewalk_checklist.remove ("Seal helmet")。

❑ 你可以使用序列号在列表中的特定位置删除或插入列表项。

❑ 序列号从 0 开始。

❑ 你可以使用等号（=）更改列表项的值，例如，take_off_checklist[3] = "Test comms"。

❑ 你可以创建一个包含其他列表的列表，以构建一个简单的地图。

❑ 你可以使用坐标来检查地图中的物品：例如，使用 room_map[y 坐标 ][x 坐标 ]。

❑ 在坐标中确保首先使用 y 坐标，然后再使用 x 坐标。在太空中，一切都颠倒了。

❑ 坐标就是序列号，因此两者都从 0 开始，而不是从 1 开始。

❑ 你可以使用"+="将列表项添加到列表中，或是将两个列表合并。

# 任务汇报

这是本章中练习任务的答案。

## 练习任务 #1

```
>>> take_off_checklist.insert(2, "Check cabin pressure")
```

## 练习任务 #2

按照序列号依次输出各个列表项：

```
>>> print(spacewalk_checklist[0])
Put on suit
>>> print(spacewalk_checklist[1])
Check oxygen
>>> print(spacewalk_checklist[2])
Seal helmet
>>> print(spacewalk_checklist[3])
Test radio
>>> print(spacewalk_checklist[4])
Open airlock
```

## 练习任务 #3

```
>>> docking_checklist = ["Doors to manual", "Rotational lock-on", "Approach and lock"]
>>> flight_manual.append(docking_checklist)
>>> print(flight_manual)
[['Put on suit', 'Seal hatch', 'Check cabin pressure', 'Fasten seatbelt', 'Tell
Mission Control checks are complete'], ['Put on suit', 'Check oxygen', 'Seal helmet',
'Test radio', 'Open airlock'], ['Doors to manual', 'Rotational lock-on', 'Approach
and lock']]
>>> print (flight_manual[2])
['Doors to manual', 'Rotational lock-on', 'Approach and lock']
```

## 练习任务 #4

```
3
```

## 练习任务 #5

```
>>> room_map[4][4] = 6
>>> print(room_map)
[[1, 0, 0, 0, 0], [0, 0, 0, 2, 0], [0, 0, 0, 0, 0], [0, 3, 0, 0, 0],
[0, 0, 0, 0, 6]]
```

# 第 3 章

# 重复执行

大家都在谈论太空旅行的英雄主义和迷人景象，但其中要坚持做的一些工作是例行的重复性工作。当你打扫、照料空间站的温室时，当你锻炼身体以保持体力时，你都要遵循详细的计划，以确保团队安全和空间站正常运转。幸运的是，机器人可以负责一些烦琐的工作，而且他们从不抱怨不断地重复自己的工作。

无论你是为机器人编程还是制作游戏，循环都是经常用到的基本的程序结构。循环是指一段程序不断地重复，有时是重复一定的次数，有时是重复直到发生了特定事件。有时，你甚至会设置一个永远重复的循环。在本章中，你将学习如何使用循环在程序中重复一定次数的执行指令。你还将使用循环以及列表的知识来显示地图并绘制3D 房间的图像。

## 3.1 循环显示

在 *Escape* 游戏中，我们将大量地应用循环。通常，我们是使用它们从列表中提取信息并对其执行一些操作。

让我们从利用循环显示文本地图开始。

### 1. 制作房间地图

我们将为本章中的示例制作一个新地图，其中 1 表示墙，0 表示地面。我们房间的边缘有一堵墙，中间有一根柱子。柱子可以理解为墙的一部分，因此也用 1 表示。我选择这个位置放置一个柱子是为了在本章之后的内容中绘制 3D 房间时看起来更好看。房间中没有其他物品，因此目前没有使用其他数字。

在 IDLE 中打开一个新的 Python 程序，然后输入代码段 listing 3-1 中的内容，将程序保存为 listing3-1.py。

listing 3-1.py

```
room_map = [ [1, 1, 1, 1, 1],
             [1, 0, 0, 0, 1],
             [1, 0, 1, 0, 1],
             [1, 0, 0, 0, 1],
             [1, 0, 0, 0, 1],
             [1, 0, 0, 0, 1],
             [1, 1, 1, 1, 1]
           ]

print(room_map)
```

代码段 listing 3-1  添加房间地图数据

该程序创建了一个名为 room_map 的列表，这个列表中又包含了其他 7 个列表。每个列表以方括号开头和结尾，两个列表之间用逗号分隔。同时注意如第 2 章中介绍的那样，最后一个列表后面不需要逗号。每个列表代表地图的一行。单击 **Run→Run Module** 运行程序，你将在 shell 窗口中看到以下内容：

```
[[1, 1, 1, 1, 1], [1, 0, 0, 0, 1], [1, 0, 1, 0, 1], [1, 0, 0, 0, 1], [1, 0, 0,
0, 1], [1, 0, 0, 0, 1], [1, 1, 1, 1, 1]]
```

如第 2 章所述，输出地图列表会将所有行同时接在一起显示，这样查看地图非常不方便。为了以一种易于阅读的方式来显示地图，接下来我们将使用循环来显示地图。

## 2. 利用循环显示地图

要以网格的形式显示地图，就要先删除程序的最后一行，然后添加代码段 listing 3-2 中所示的后两行。和之前一样，不要输入灰色的代码行，只需利用它们在程序中找到对应的位置即可。将程序另存为 listing3-2.py。

listing 3-2.py

```
--snip--
             [1, 0, 0, 0, 1],
             [1, 1, 1, 1, 1]
           ]

❶ for y in range(7):
❷     print(room_map[y])
```

代码段 listing 3-2  利用循环显示房间地图

**警告：**记住在新加代码的第一行末尾要放置一个冒号！否则的话，该程序将无法运行。新加代码的第二行应缩进四个空格，这将告诉 Python 这是你要重复的指令。如果在 for 代码行的末尾添加了冒号，则在按下 Enter 键转到下一行的时候会自动添加空格。

当你再次运行该程序时，在 shell 中应该看到以下内容：

```
[1, 1, 1, 1, 1]
[1, 0, 0, 0, 1]
[1, 0, 1, 0, 1]
[1, 0, 0, 0, 1]
[1, 0, 0, 0, 1]
[1, 0, 0, 0, 1]
[1, 1, 1, 1, 1]
```

这时查看地图更加直观。现在，你可以轻松地看到墙（以 1 表示）围绕在房间边缘。那么代码是如何工作的呢？ for 命令 ❶ 是其中的关键。这是一个循环命令，它告诉 Python 要将一段代码重复一定次数。代码段 listing 3-2 告诉 Python 要对列表 room_map 中的每一项重复 print( ) 指令 ❷。room_map 中的每一项都是一个列表，包含了地图的一行，因此单独输出它们就会将我们的地图一行一行地显示出来，从而形成网格形式的效果。

让我们更详细地分析一下代码。我们使用函数 range( ) 创建了一个数字序列。range(7) 是告诉 Python 生成一个不包括 7 的数字序列。为什么不包含最后的一个数字呢？这就是函数 range( ) 的工作方式！ 如果我们只给函数 range( ) 一个数字，Python 就假定我们是要从 0 开始计数。因此 range(7) 创建的数字序列为 0、1、2、3、4、5、6。

每次重复代码，for 命令中的变量都会获取数字序列中的下一个数字。这里的情况是，变量 y 会依次获取数值 0、1、2、3、4、5、6。这与 room_map 中的序列号完全匹配。

我之所以选择 y 作为变量名称，是因为我们使用它来表示要显示地图的哪一行，而地图的行对应的就是 y 坐标。

命令 print(room_map[y]) ❷ 缩进了四个空格，这是告诉 Python 这条命令是我们希望 for 循环 ❶ 重复的代码块。

第一次循环时，y 的值为 0，因此 print(room_map[y]) 会输出 room_map 中的第一个列表，这个列表包含了地图第一行的数据。第二次循环时，y 的值为 1，因此 print(room_map[y]) 会输出第二个列表。代码会这样重复下去，直到将 room_map 中所有七个列表都输出显示出来。

> **练习任务#1**
>
> 在空间站的紧急情况下，你可能需要发出求救信号。使用循环写一个简单的程序来输出单词"Mayday！"三次。
>
> 如果你遇到问题，可以参考用于输出地图的代码段 listing 3-2。你只需要更改程序中输出的内容以及循环的次数即可。

## 3.2 循环嵌套

我们的地图输出显示的效果变好了，不过仍然有一些限制。其一是显示中的逗号和方括号还是看起来稍显混乱。另外一个限制是我们无法对房间中的每个独立的墙体或房屋内的独立空间做任何事情。我们需要能够分别处理房间中每个位置的信息，以便可以正确显示对应的图像。为此，我们需要使用更多的循环。

### 1. 嵌套循环以获取房间坐标

程序 listing3-2.py 中使用循环来提取地图的每一行。现在我们需要使用另一个循环来检查行中的每个位置，以便我们可以分别访问那里的物品。这样做将使我们能够完全控制物品的显示。

你刚刚看到我们可以在循环内重复一段代码。另外我们还可以将一个循环放在另一个循环中，这称为循环嵌套。为了了解其工作原理，我们首先使用这种形式来输出房间中每个位置的坐标。参照代码段 listing 3-3 来编写程序：

listing 3-3.py

```
    --snip--
                [1, 0, 0, 0, 1],
                [1, 1, 1, 1, 1]
            ]
❶ for y in range(7):
❷     for x in range(5):
❸         print("y=", y, "x=", x)
❹     print()
```

代码段 listing 3-3　输出坐标

**警告：** 每个航天员都知道，太空非常危险。而同样程序中空格也很危险，如果循环中的缩进错误，则该程序将无法正常运行。将第一个 print( ) 命令 ❸ 缩进八个空格，使其成为 x 循环内的一部分。要确保最后的 print( ) 命令 ❹ 与第二个 for 命令 ❷ 对齐（带有四个缩进空格），以使其停留在外循环中。当你开始新的一行时，Python 会将其缩进以使其与上一行缩进相同，不过当你不需要这一层缩进的时候可以将其删除。

将代码保存为 listing3-3.py，然后单击 **Run→Run Module** 运行代码，你将看到如下的输出：

```
y= 0 x= 0
y= 0 x= 1
y= 0 x= 2
y= 0 x= 3
y= 0 x= 4

y= 1 x= 0
y= 1 x= 1
y= 1 x= 2
y= 1 x= 3
y= 1 x= 4

y= 2 x= 0
y= 2 x= 1
y= 2 x= 2
--snip--
```

输出的最后内容为 y = 6　x = 4。

这里 y 循环设置与以前相同，因此会重复七次 ❶，从 0 到 6，每个数字重复一次，同时将该值放入变量 y。而这次的程序中不同的是：在 y 循环内，我们启动了一个新的 for 循环，该循环使用变量 x，同时提供的数字序列是从 0 到 4 ❷。第一次 y 循环时，y 的值是 0。当 y 为 0 时，x 依次取值 0、1、2、3、4。第二次 y 循环时，y

的值是 1。此时我们会开始一个新的 x 循环，当 y 为 1 时，x 将再次分别取值 0、1、2、3、4。这个循环会一直进行，直到 y 为 6、x 为 4 时停止。

当查看程序的输出时，可以看到循环的工作方式：在 x 循环内，我们输出 y 和 x 的值时，每次都是 x 循环重复 ❸。当 x 循环结束时，我们会在下一个 y 循环之前输出一个空白行 ❹。为此，这里函数 print( ) 的括号中为空。空白行出现在重复 y 循环的位置，而在 x 循环内部会输出每次 x 和 y 的值。如你所见，该程序会输出房间中每个位置的 y 和 x 坐标。

> **提　　示**
>
> 我们在循环中使用了变量名 y 和 x，但这些变量名不会影响程序的运行方式。即使你将它们命名为香肠和鸡蛋，该程序也一样工作。不过，这样的名字可能并不那么容易理解。由于我们获取的是 x 和 y 坐标，因此将 x 和 y 用作变量名是很有意义的。

## 2. 简化地图显示

我们将使用循环中的坐标来输出地图，不要任何的方括号和逗号。参考代码段 listing 3-4 修改程序中的内部循环：

listing 3-4.py

```
--snip--
for y in range(7):
    for x in range(5):
        print(room_map[y][x], end="")
    print()
```

代码段 listing 3-4　改善地图显示效果

将代码保存为 listing3-4.py，然后单击 **Run→Run Module** 运行代码，你将看到如下的输出：

```
11111
10001
10101
10001
10001
10001
11111
```

这个地图看起来更加清晰，更加易于理解。它利用了代码段 listing 3-3 中的坐标输出程序，在 y 循环中依次获取每一行，在 x 循环中获取该行中的每个位置。不过这次我们不是输出坐标，而是查看并输出了 room_map 中每个位置的信息。如第 2 章所述，你可以使用 "room_map[y 坐标 ][x 坐标 ]" 的形式从地图中获取任何物品。

这种格式的输出意味着我们按照房间的形式来输出地图：我们将一行中的所有数字连在一起，只有地图开始新的一行时屏幕上才开始新的一行（y 循环新的重复）。

x 循环内的 print( ) 指令以 end=" " 结束（引号之间没有空格），这是为了阻止在每个数字之后开始新的一行。否则，默认情况下，函数 print( ) 将添加一个开始新行的代码来结束每段输出。不过这里我们告诉它在末尾不加任何字符（" "），其结果就是，一个 x 循环（0~4）中的所有信息都会显示在同一行上。

每行输出完成后，我们使用一个空的 print( ) 命令来开始新的一行。因为这个命令的缩进只有四个空格，所以它是属于 y 循环的，而不是 x 循环中代码的一部分。这意味着它在 x 循环完成，输出了一行数字之后，每次仅通过 y 循环运行一次。

---

### 练习任务#2

最终 print( ) 命令的缩进只有四个空格。试试看缩进八个空格时会发生什么，然后再试试看如果根本不缩进会发生什么。在每种情况下，记录它运行了多少次以及缩进是如何改变输出结果的。

---

## 3.3 显示 3D 房间图像

现在，你对地图已经足够了解了，接下来就可以显示 3D 房间图像了。在第 1 章中，你学习了如何使用 Pygame Zero 将图像放置在屏幕上。现在将这些知识与你在 room_map 中获取数据的新技能相结合，这样我们就可以用图片来显示地图，而不是用 0 和 1 了。

单击 **File**→**New File** 让 Python 打开一个新文件，然后输入代码段 listing 3-5 中的代码。你可以从本章最近的程序中复制 room_map 的内容。

listing 3-5.py

```
room_map = [ [1, 1, 1, 1, 1],
             [1, 0, 0, 0, 1],
             [1, 0, 1, 0, 1],
             [1, 0, 0, 0, 1],
             [1, 0, 0, 0, 1],
             [1, 0, 0, 0, 1],
             [1, 1, 1, 1, 1]
           ]

❶ WIDTH = 800 # 窗口大小
❷ HEIGHT = 800

   top_left_x = 100
   top_left_y = 150

❸ DEMO_OBJECTS = [images.floor, images.pillar]

   room_height = 7
   room_width = 5

❹ def draw():
       for y in range(room_height):
           for x in range(room_width):
❺             image_to_draw = DEMO_OBJECTS[room_map[y][x]]
❻             screen.blit(image_to_draw,
                   (top_left_x + (x*30),
                   top_left_y + (y*30) - image_to_draw.get_height()))
```

代码段 listing 3-5　显示 3D 房间的代码

将程序另存为 listing3-5.py。你需要将其保存在 escape 文件夹中，因为该程序将使用存储在 images 文件夹中的文件。如果尚未下载 *Escape* 游戏文件，请参阅引言中 0.4 节的介绍。

listing3-5.py 程序使用 Pygame Zero，因此你需要在命令行中输入指令 **pgzrun listing3-5.py** 来运行该程序。有关使用 Pygame Zero 运行程序的说明请参阅引言中 0.5 节的内容，其中包括最终的 *Escape* 游戏。

listing3-5.py 程序使用 *Escape* 游戏的图片文件来创建房间的图片。图 3-1 显示了有一个柱子的房间。*Escape* 游戏使用简化的 3D 透视效果，在这种效果中我们可以看到对象的正面和顶面。而房间中前后的对象大小是一样的。

在第 1 章中模拟太空行走时，你看到了绘制对象的顺序是如何决定哪些对象位于其他对象前面的。在 *Escape* 游戏和代码段 listing 3-5 中，我们是从房间的后面向前绘制对象的，这样就创建了一个 3D 效果。靠近前面的对象好像在房间后面的对象之前。

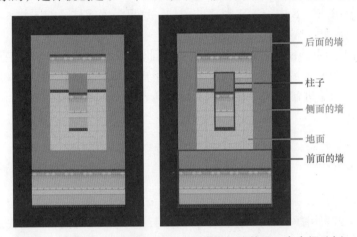

图 3-1　你的第一个 3D 房间（左）和带有标注的同一个房间（右）

## 3.4　了解如何绘制房间

现在让我们看一下程序 listing3-5.py 是如何工作的。其中很多代码都与第 1 章和第 2 章中的程序类似。变量 WIDTH ❶ 和 HEIGHT ❷ 用来保存窗口的大小，另外我们使用函数 draw( ) 告诉 Pygame Zero 在屏幕上画些什么 ❹。y 和 x 循环来自本章前面的代码段 listing 3-4，这为我们提供了房间中每个位置的坐标。

这里我们在函数 range( ) 中使用了新的变量 room_height 和 room_width 来告诉 Python y 和 x 循环要执行多少次，而没有直接使用数字。这些新的变量存储了我们房间地图的大小，以告诉 Python 循环要重复多少次。例如，如果我们将变量 room_height 更改为 10，则 y 循环将重复 10 次并显示地图的 10 行。变量 room_width 以相同的方式控制 x 循环重复多少次，这样我们就可以显示更宽的房间了。

**警告：** 如果你使用的房间宽度和高度的值大于实际的 room_map 的数据，那么程序会出错。

程序 listing3-5.py 使用了来自 images 文件夹的两张图片：一张地面图片（文件名为 floor.png）和一张柱子图片（文件名为 pillar.png），见图 3-2。PNG（Portable

Network Graphics，便携式网络图形）是 Pygame Zero 可以使用的一种图像文件。PNG 可以使图像的一部分变得透明，这对于我们的 3D 游戏效果来说很重要。否则，我们将无法从植物的缝隙中看到背景颜色，而航天员看起来也会像被一个正方形的光环包围着。

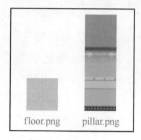

图 3-2　在创建第一个
3D 房间中使用的图片

在函数 draw( ) ❹ 中，我们使用 y 和 x 循环依次查看房间地图中的每个位置。之前我们看到过，可以通过 "room_map[y][x]" 找到地图上每个位置的数值。在此地图中，该数值要么是表示墙或柱子的 1，要么是表示地面的 0。与之前不同，这里不是将数字在屏幕上显示出来，而是要利用数字来查找列表 EMO_OBJECTS ❺ 中对应的图片。这个列表包含两个图片 ❸：地面位于位置 0，墙或柱子位于位置 1。例如，如果我们查到 room_map 中某个位置的数值为 1，那么我们将获取列表 DEMO_OBJECTS 中位置 1 对应的图片，这里是墙或柱子的图片。然后我们会将该图片存储在变量 image_to_draw ❺ 中。

然后，我们使用 screen.blit( ) 在屏幕上绘制此图像，这里要在函数中提供所绘制图像在屏幕上的 x 和 y 的像素坐标 ❻。为了便于阅读，这里将该指令写成了三行。第二行和第三行的缩进量无关紧要，因为这几行都是被函数 screen.blit( ) 的圆括号包围着的。

## 3.5　图片绘制的位置

为了弄清楚每次在哪里绘制图像才能构成一个房间，需要在 ❻ 的位置进行一些计算。本节我们就来讲解一下具体是如何计算的，不过在此之前，需要先解释一下空间站是如何绘制出来的。在计算机上描述图像的最小单位是像素，这是你在屏幕上可以看到的最小的点。绘制空间站的所有图片都是针对网格设计的。一个网格是一个正方形的区域，大小为 30 像素 × 30 像素。不管是地面还是屋顶都是按照这个大小设计的。我们的对象是放在网格上的，因此，从左上角开始计算，一把椅子可能是放在横向向右第四个网格，纵向向下第四个网格的位置。

图 3-3 显示了我们刚刚创建的房间，同时上面还放了一个网格。地面和柱子的宽度都是一个网格，柱子比较高，所以纵向上占据了三个网格：柱子的前表面占据了两个网格，柱子的顶面占据了剩下的一个网格。

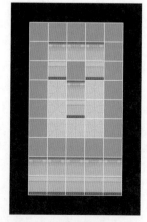

图 3-3　覆盖了网格的
第一个房间的图像

变量 top_left_x 和 top_left_y 存储我们要在窗口中开始绘制房间的第一张图像的坐标。在本章中，我们永远不会更改这些变量。我选择从 x 为 100、y 为 150 的位置开始绘制，因此房间图像周围会有一些边框。

要计算在哪里绘制墙体或地面，我们需要将地图中的位置（例如, x 方向上是 0~4 的范围）转换为窗口中的像素位置。

每个网格都是长度为 30 像素的方块，因此我们将 x 循环的数乘以 30，然后再加上 top_left_x 的值就能得到图像的

x 坐标。在 Python 中，符号"*"表示乘法，而 top_left_x 的值为 100，因此第一个图像绘制在 100 + (0 * 30) 的位置，即 100 的位置。第二个图像绘制在 100 + (1 * 30) 的位置，即 130 的位置，这个位置在第一张图的右侧。第三个图像绘制在 100 + (2 * 30)，即 160 的位置。这些位置会确保图像被一张张并排绘制。

y 位置的计算方法与此类似。我们将 top_left_y 作为垂直方向上的起始位置，然后加上 y * 30，以使图像精确地排在一起。所不同的是，我们减去了要绘制的图像的高度，因为我们要确保图像底部是对齐的。运行的结果就是，高的对象会从地砖升起来，而且会挡住后面的图像或是地砖，这样整个房间看起来就像是三维的。如果图像不是底部对齐，而是顶部对齐，那么，这就会破坏 3D 效果。例如，第二排和第三排地砖会覆盖后面的墙体。

---

**练习任务#3**

现在你知道如何显示 3D 房间了，尝试调整地图以更改房间布局，添加新的柱子或地面。你可以编辑 room_map 数据向地图中添加新的行或列。记住要同时更改变量 room_height 和 room_width 的值。

也可以尝试让房间有更大的空间，同时用 0 代替 1 来添加房间的门。在最终的 *Escape* 游戏中，每个门都将占用三个网格。为了获得最佳的效果，可以设计宽度和高度均为奇数的房间，这样你的门就可以开在墙壁中间了。

图 3-4 显示了我设计的宽度和高度均为 9 的房间。如果愿意，可以尝试参考我的设计。这里我添加了网格，以便能够更轻松地得到列表 room_map 的数据。因为墙柱会从地面升起两个网格的高度，所以显示的网格高为 11。要查看墙柱的底部，而不是顶部，以确定放置它们的位置。可以请参考本章末尾的代码来创建这个房间。

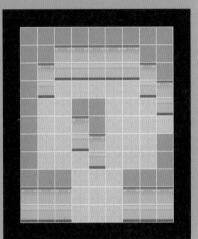

图 3-4 一种可能的新房间设计方案

---

在真正的 *Escape* 游戏中，高大的墙柱只会在房间的边缘使用。如果它们在房间的中间看起来会有些奇怪，尤其是当它们碰到后面的墙体时。当我们在本书的后面学会在游戏中添加了阴影之后，房间中的对象看起来就不会像是漂在空中的了，这是这种模拟 3D 效果的一个不足之处。

## 3.6 你掌握了么

确认以下内容，以检查你是不是已经了解了本章的关键内容。

☐ for 循环能按照设定的次数重复运行一段代码。

☐ 函数 range( ) 能够创建一个数字序列。

□ 你可以使用 range( ) 告知 for 循环重复多少次。

□ for 行末的冒号是必不可少的。

□ 如果要告诉 Python 哪些是要循环的代码行，需要添加四个空格来缩进。

□ 一个循环中再套上一个循环称为嵌套循环。

□ 图像要底部对齐，以创建高的对象从地面升起来的 3D 效果。

□ 变量 room_height 和 room_width 在游戏中存储房间大小，它们被用来设置可以显示房间的循环。

## 任务汇报

这是本章中练习任务的答案。

### 练习任务 #1

```
for y in range(3):
    print("Mayday!")
```

### 练习任务 #2

如果你不缩进最终的 print( ) 命令，那么它不会重复执行；反之，最终的 print( ) 命令将在两个循环完成之后仅运行一次。结果就是，所有输出都将显示在一行上，因为程序不会在需要切换行的时候开始新的一行。

如果将命令缩进八个空格，它将成为 x 循环的一部分。这意味着每次输出一个数字都会运行 print( ) 命令，这样每个数字都输出在新的一行上。

### 练习任务 #3

这是图 3-4 中房间设计的数据。你还需要将 room_height 和 room_width 的值都更改为 9。

```
room_map = [ [1, 1, 1, 1, 1, 1, 1, 1, 1],
             [1, 1, 0, 0, 0, 0, 0, 1, 1],
             [1, 0, 0, 0, 0, 0, 0, 0, 1],
             [1, 0, 0, 0, 0, 0, 0, 0, 0],
             [1, 0, 0, 1, 1, 0, 0, 0, 0],
             [1, 0, 0, 0, 1, 0, 0, 0, 0],
             [1, 0, 0, 0, 0, 0, 0, 0, 1],
             [1, 0, 0, 0, 0, 0, 0, 0, 1],
             [1, 1, 1, 0, 0, 0, 1, 1, 1]
             ]
```

# 第 **4** 章

## 创建空间站

在本章中，你将为火星上的空间站创建一个地图。使用你将在本章中学习添加的简单的 Explorer（探索）代码，你可以查看每个房间的墙面并确定你的位置。我们将使用列表、循环以及你在前 3 章中学到的技术来创建地图数据并以 3D 形式来显示房间。

## 4.1 为什么要自动生成地图

目前我们的 room_map 数据的问题就是它太多了。*Escape* 游戏包含 50 个地点。如果你要为每个地点输入 room_map 数据，这将花费很长时间而且效率很低。假设每个房间由 9×9 个网格组成，则每个房间将有 81 个数据，所有房间算下来就总共有 4050 个数据。因此只是房间的数据在本书中就能占 10 页。

其中大部分数据都是重复的：0 表示地面和出口，1 表示边缘的墙体。从第 3 章中你就知道，我们可以使用循环来有效地进行重复性的工作。我们可以利用这些知识来制作一个程序，当我们提供了某些信息（例如房间大小和出口位置）后，它将自动生成 room_map 数据。

## 4.2 如何自动生成地图

*Escape* 游戏程序的工作流程如下：当玩家访问一个房间时，我们的代码将获取该房间的数据（房间的大小和出口位置），并将其转换为 room_map 数据。room_map 数据将包括代表着地面、边缘墙体以及出口的行列信息。最终，我们将使用 room_map 数据在房间正确的位置绘制地面和墙体。

图 4-1 显示了空间站的地图。我将每个地点都看作是一个房间，不过数字 1 ~ 25 是空间站外围的行星表面，类似于地球上的花园。26 ~ 50 是空间站内的房间。

室内布局是一个简单的迷宫，有许多走廊、死角和房间可供探索。当你制作自己的地图时，即使地图不是很大，也最好能尝试创建曲折的路径和拐角进行探索。一定要在每个走廊的尽头放置一个有用或吸引人的物品，以奖励玩家的探索之旅。在探索游戏世界时，玩家通常也会觉得从左到右的移动更加舒服，因此，玩家的角色将从地图左侧的 31 号房间开始游戏。

在外面，玩家可以走到任何地方，但是栅栏将阻止他们离开空间站的院子（或是防止在游戏地图上迷路）。由于空间站内部是封闭的，因此玩家可以在太空漫步时体验自由的感觉。

在玩最终的 *Escape* 游戏时，你可以参考此地图，不过你可能会发现没有地图或自行制作地图会更加有趣。该地图没有显示门的位置，在最终游戏中，这将阻止玩家访问地图的某些位置，直到他们找到正确的门禁卡。

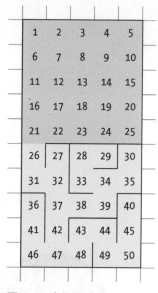

图 4-1　空间站地图

## 4.3　创建地图数据

让我们开始创建地图数据。我们空间站中的房间将全部合在一起，因此我们只需要存储从墙的一侧离开的位置。例如，31 号房间右侧的出口和 32 号房间左侧的出口将是连接两个房间的同一个门。我们不需要为两个房间都指定该出口。对于地图中的每个房间，我们将存储它位于顶部和右侧的出口。而位于底部和左侧的出口，程序都可以算出来（稍后我会解释）。这种方法还可以确保地图是一致的，并且在你通过出口后房门也不会消失。如果你能从一个门出去，那么一定能从这个门回来。

地图中的每个房间都需要以下数据：

1）房间的简短描述。

2）整体的高度，即屏幕上房间从顶部到底部的大小（这与地面到天花板的距离无关）。

3）整体的宽度，即屏幕上房间从左到右的大小。

4）顶部是否有出口（True 或 False）。

5）右侧是否有出口（True 或 False）。

---

**提　　示**

True 和 False 被称为布尔值。在 Python 中，这些值必须以大写字母开头，并且不需要引号，因为它们不是字符串。

---

我们将衡量房间尺寸的单位称为砖，因为地面可以认为是一块一块相同大小的砖拼成的。正如你在第 3 章中了解的那样，砖将是我们对所有对象进行测量的基本单位。例如，房间中的单个物品（比如椅子或橱柜）通常只有一块砖的大小。在第 3 章

中（见图 3-1 和代码段 listing 3-5），我们制作了一个房间地图，该地图有 7 行，每行有 5 项，因此这个房间的高度为 7 块砖，而宽度为 5 块砖。

不同大小的房间可以增加地图的多样性：有些房间可以像走廊一样狭窄，而有些则可以像公共活动室那样宽敞。为了适应我们的游戏窗口，房间的最大尺寸是高度为 15 块砖，宽度为 25 块砖。不过，较大的房间或是有很多物品的房间在配置一般的计算机上运行可能会比较慢。

这是 26 号房间的示例数据：这个房间是一个狭窄的房间，高度为 13 块砖，宽度为 5 块砖，顶部有出口，而右侧没有出口（见图 4-1 中的地图）。

```
["The airlock", 13, 5, True, False]
```

我们给房间起了一个名称（或是对房间的描述），然后分别是指定高度和宽度的数字，以及表示顶部和右侧是否有出口的 True 或 False 的值。在此游戏中，每堵墙只能有一个出口，并且该出口自动定位在墙的中间。

当程序制作 27 号房间的 room_map 数据时，它会检查 26 号房间，看看其右侧是否有出口。因为 26 号房间的右侧没有出口，所以程序就知道 27 号房间的左侧没有出口。

我们将每个房间的数据列表存储在名为 GAME_MAP 的列表中。

# 4.4 编写 GAME_MAP 代码

单击 **File→New File** 让 Python 打开一个新文件，然后输入代码段 listing 4-1 中的代码创建空间站。将你的程序保存为 listing4-1.py。

> **提　　示**
>
> 输入较长程序时，记住要定期保存。在许多应用程序中，你可以按下 Ctrl+S 键来保存文件。

listing 4-1.py
```
# Escape - Python 大冒险
# 作者 Sean McManus/www.sean.co.uk
# 由 XXX 输入的程序（XXX 可替换为你的名字）

import time, random, math


###############
## VARIABLES ##
###############


WIDTH = 800 # 窗口大小
HEIGHT = 800

#玩家变量
❶ PLAYER_NAME = "Sean" # 可将此处换成你的名字
FRIEND1_NAME = "Karen" # 可将此处换成你朋友的名字
FRIEND2_NAME = "Leo" # 可将此处换成你另外一个朋友的名字
current_room = 31 # 起始位置在 31 号房间
```

```
❷ top_left_x = 100
   top_left_y = 150

❸ DEMO_OBJECTS = [images.floor, images.pillar, images.soil]

   ###############
   ##    MAP    ##
   ###############

❹ MAP_WIDTH = 5
   MAP_HEIGHT = 10
   MAP_SIZE = MAP_WIDTH * MAP_HEIGHT

❺ GAME_MAP = [ ["Room 0 - where unused objects are kept", 0, 0, False, False] ]

   outdoor_rooms = range(1, 26)
❻ for planetsectors in range(1, 26): #1~25 号房间地图在这里生成
       GAME_MAP.append( ["The dusty planet surface", 13, 13, True, True] )

❼ GAME_MAP += [
           #[" 房间名字 ", 高度, 宽度, 顶部是否有出口?, 右侧是否有出口?]
           ["The airlock", 13, 5, True, False], # 26 号房间
           ["The engineering lab", 13, 13, False, False], # 27 号房间
           ["Poodle Mission Control", 9, 13, False, True], # 28 号房间
           ["The viewing gallery", 9, 15, False, False], # 29 号房间
           ["The crew's bathroom", 5, 5, False, False], # 30 号房间
           ["The airlock entry bay", 7, 11, True, True], # 31 号房间
           ["Left elbow room", 9, 7, True, False], # 32 号房间
           ["Right elbow room", 7, 13, True, True], # 33 号房间
           ["The science lab", 13, 13, False, True], # 34 号房间
           ["The greenhouse", 13, 13, True, False], # 35 号房间
           [PLAYER_NAME + "'s sleeping quarters", 9, 11, False, False], # 36 号房间
           ["West corridor", 15, 5, True, True], # 37 号房间
           ["The briefing room", 7, 13, False, True], # 38 号房间
           ["The crew's community room", 11, 13, True, False], # 39 号房间
           ["Main Mission Control", 14, 14, False, False], # 40 号房间
           ["The sick bay", 12, 7, True, False], # 41 号房间
           ["West corridor", 9, 7, True, False], # 42 号房间
           ["Utilities control room", 9, 9, False, True], # 43 号房间
           ["Systems engineering bay", 9, 11, False, False], # 44 号房间
           ["Security portal to Mission Control", 7, 7, True, False], # 45 号房间
❽          [FRIEND1_NAME + "'s sleeping quarters", 9, 11, True, True], # 46 号房间
           [FRIEND2_NAME + "'s sleeping quarters", 9, 11, True, True], # 47 号房间
           ["The pipeworks", 13, 11, True, False], # 48 号房间
           ["The chief scientist's office", 9, 7, True, True], # 49 号房间
           ["The robot workshop", 9, 11, True, False] # 50 号房间
           ]

   # 对上面的地图进行简单的完整性检查
❾ assert len(GAME_MAP)-1 == MAP_SIZE, "Map size and GAME_MAP don't match"
```

代码段 listing 4-1　GAME_MAP 数据

　　让我们仔细看看这段代码是如何列出房间地图数据的。请记住，在创建 *Escape* 游戏时，我们将继续添加该程序。为了帮助你快速找到对应的程序，我将用以下注释标记程序不同的部分：

```
####################
## VARIABLES (变量) ##
####################
```

符号 # 是注释的标记，它告诉 Python 忽略在同一行之后所有内容，因此有没有这些注释游戏都可以运行。注释将使你更容易弄清楚代码中的内容，同时随着程序的增大，通过注释也能够知道需要添加新指令的位置。我用注释符号画了一个框，这样当你滚动浏览程序代码时这里会更突出。

有 3 名航天员在空间站工作，你可以在代码中自行设定他们的名字❶。可将 PLAYER_NAME 更改为你自己的名字，并将变量 FRIEND1_NAME 和 FRIEND2_NAME 更改为你的两个朋友的名字。在整个代码中，我们将在需要使用你朋友名字的地方使用这些变量：例如，每个航天员都有自己的睡眠区。我们现在设置这些变量，那么在之后的程序中，我们就可以使用它们来设置一些房间的描述。你会带谁去火星呢？

该程序还设置了一些在本章末尾绘制房间时所需的变量：变量 top_left_x 和 top_left_y❷指定了从何处开始绘制房间；列表 DEMO_OBJECTS 中包含了要使用的图片❸。

首先，我们设置变量以包含地图的高度、宽度和整体大小❹。我们创建了列表 GAME_MAP❺，并为其设定了 0 号房间的数据：该房间用于存储游戏中尚未出现的物品，因为玩家尚未发现或创建它们。这不是玩家可以访问的真实房间。

然后，我们使用循环❻为构成院子的 25 个行星表面地点添加相同的数据。函数 range(1, 26) 用于完成重复 25 次。其中第一个数字是我们要开始的数字，第二个数字是我们要结束的数字再加一［记住，range( ) 不包括你给它的最后一个数字］。每次循环时，该程序都会将相同的数据添加到 GAME_MAP 的末尾，因为所有行星表面"房间"的大小都相同，并且在各个方向上都有出口。每个行星表面"房间"的数据如下所示：

```
["The dusty planet surface", 13, 13, True, True]
```

循环完成后，GAME_MAP 将包含 0 号房间和相同数据的 1 ~ 25 号" dusty planet surface（尘土飞扬的行星表面）"房间。我们还设置了 outdoor_rooms 来存储房间号 1 ~ 25，之后我们在需要检查房间是在空间站内还是在空间站外时会用到它。

最后，我们将 26 ~ 50 号房间添加到 GAME_MAP 中❼。为此，我们使用"＋＝"将新列表添加到 GAME_MAP 的末尾。该新列表包括了剩余房间的数据。这些房间每个都不同，因此我们需要分别输入它们的数据。你之前已经看到了 26 号房间的信息：数据包含房间名称、房间的高度和宽度，以及房间的顶部和右侧是否有出口。每个房间数据都是一个列表，因此它的开头和结尾都有方括号。在每个房间数据的末尾（最后一个除外），都必须使用逗号将其与下一个列表分隔开。我还在每行末尾的注释中标出了房间号。这些注释在你开发游戏时会有所帮助。这种注释的形式能在你重新访问代码时更好地理解它。

46 号和 47 号房间在房间描述中添加了变量 FRIEND1_NAME 和 FRIEND2_NAME，因此你有两个房间的描述会使用你朋友的名字❽，它们可能叫" Karen's sleeping quarters（Karen 的卧室）"。符号"＋"除了可以运算数字和组合列表之外，还可以用来组合字符串。

在 listing4-1.py 的末尾，我们使用 assert( ) 简单地检查一下地图数据 ❾。我们检查 GAME_MAP 的长度（地图数据中的房间数）是否与地图的大小（通过高度和宽度计算而得 ❹）相同。如果不相等，则表示我们丢失了一些数据或存储了太多数据。

我们必须从 GAME_MAP 的长度中减去 1，因为它还包括了 0 号房间，而我们在计算地图尺寸时并未包括该房间。此检查不会发现所有错误，但可以告诉你输入时是否漏了一行地图数据。在可能的情况下，我会尽量包括这样的简单测试，以帮助你在输入程序代码时检查是否有错误。

## 4.5　测试和调试代码

通过单击 **Run→Run Module** 或按 F5 键（键盘快捷键）来运行 listing4-1.py。shell 窗口应该只显示一条消息，即"RESTART："和你的文件名。原因是我们程序目前执行的所有操作都是设置一些变量和列表，因此没有什么可显示的。但是，如果你输入列表时有错误，则会在 shell 窗口中看到红色的错误消息。如果确实出现了错误，请仔细检查以下细节：

1）引号是否在正确的位置？字符串在 Python 程序窗口中为绿色，因此可以看看有没有大块的绿色区域，如果没有则表明你缺少了字符串后面的引号。如果房间描述是黑色的，则表明你缺少了字符串前面的引号。这两种情况都是缺少引号。

2）你在正确的位置使用了正确的括号吗？在这段程序中，列表项两端为方括号，圆括号用于 range( ) 和 append( ) 之类的函数。花括号 {…} 则完全没有使用。

3）你是否缺少了括号？一种简单的检查方法是计算左括号和右括号的数量。每个左括号都应具有相同类型的右括号。

4）你必须以与输入左括号相反的顺序输入右括号。如果先有一个圆括号，然后是一个方括号，则必须先用一个方括号对应结束之前的方括号，然后再用一个圆括号对应结束之前的圆括号。正确的格式为：( [ … ] )，而 ( [ … ) ] 是错误的格式。

5）你的逗号是否在正确的位置？请记住，GAME_MAP 中的每个房间列表必须在右方括号后有一个逗号将它与下一个房间的数据分开（除了最后一个房间）。

> **提　　示**
>
> 为什么不请朋友帮助你制作游戏呢？程序员经常成对工作以互相帮助，而且可能更重要的是，有两双眼睛进行检查。你们也可以轮流输入！

## 4.6　根据数据生成房间

现在，空间站地图已存储在我们的列表 GAME_MAP 中。下一步是添加从 GAME_MAP 获取当前房间数据的函数，并将其扩展到 *Escape* 游戏用来显示每个地点房间的地图列表 room_map 中。列表 room_map 始终存储玩家当前所在房间的信息。当玩家进入其他房间时，我们用新房间的地图替换 room_map 中的数据。在本书的后面，我们会将物品和道具添加到 room_map 中，以便玩家与之交互。

room_map 数据由我们将要创建的名为 generate_map( ) 的函数来生成，见代码段 listing 4-2。

将代码段 listing 4-2 中的代码添加到代码段 listing 4-1 的末尾。灰色代码为你显示了代码段 listing 4-1 的结束位置。确保所有缩进是正确的。缩进会明确代码是属于函数 get_floor_type( ) 还是 generate_map( )，进一步的缩进则是告诉 Python 哪些是属于 if 命令的，哪些是属于 for 命令的。

将你的程序另存为 listing4-2.py，然后单击 **Run→Run Module** 来运行它，并在 shell 中检查是否有错误消息。

**警告**：不要在一个新的程序中输入代码段 listing 4-2 中的代码：确保将代码段 listing 4-2 中的代码添加到代码段 listing 4-1 的末尾。在本书中，你将会把越来越多的代码添加到现有程序中，以构建 *Escape* 游戏。

listing 4-2.py
```python
--snip--
# 对上面的地图进行简单的完整性检查
assert len(GAME_MAP)-1 == MAP_SIZE, "Map size and GAME_MAP don't match"


###############
## MAKE MAP  ##
###############

def get_floor_type():
    if current_room in outdoor_rooms:
        return 2 # 土壤
    else:
        return 0 # 房间地面

def generate_map():
    # 此函数可绘制当前房间的地图
    # 通过使用房间数据，布景数据和道具数据

    global room_map, room_width, room_height, room_name, hazard_map
    global top_left_x, top_left_y, wall_transparency_frame
    room_data = GAME_MAP[current_room]
    room_name = room_data[0]
    room_height = room_data[1]
    room_width = room_data[2]

    floor_type = get_floor_type()
    if current_room in range(1, 21):
        bottom_edge = 2 # 土壤
        side_edge = 2 # 土壤
    if current_room in range(21, 26):
        bottom_edge = 1 # 墙
        side_edge = 2 # 土壤
    if current_room > 25:
        bottom_edge = 1 # 墙
        side_edge = 1 # 墙
```

❶ `def get_floor_type():`

❷ `room_data = GAME_MAP[current_room]`

❸ `floor_type = get_floor_type()`

```python
# 创建房间地图的顶行
❹      room_map=[[side_edge] * room_width]
# 添加房间地图的中间行（墙、房间的地面、墙）
❺      for y in range(room_height - 2):
            room_map.append([side_edge]
                            + [floor_type]*(room_width - 2) + [side_edge])
# 添加房间地图的底行
❻      room_map.append([bottom_edge] * room_width)

# 添加房门
❼      middle_row = int(room_height / 2)
        middle_column = int(room_width / 2)

❽      if room_data[4]: # 如果房间右侧有出口
            room_map[middle_row][room_width - 1] = floor_type
            room_map[middle_row+1][room_width - 1] = floor_type
            room_map[middle_row-1][room_width - 1] = floor_type

❾      if current_room % MAP_WIDTH != 1: # 如果房间不在地图的最左侧
            room_to_left = GAME_MAP[current_room - 1]
            # 如果左侧房间的右侧有出口，则在此房间左侧添加出口
            if room_to_left[4]:
                room_map[middle_row][0] = floor_type
                room_map[middle_row + 1][0] = floor_type
                room_map[middle_row - 1][0] = floor_type

❿      if room_data[3]: # 如果房间顶部有出口
            room_map[0][middle_column] = floor_type
            room_map[0][middle_column + 1] = floor_type
            room_map[0][middle_column - 1] = floor_type

        if current_room <= MAP_SIZE - MAP_WIDTH: # 如果房间不在最下面
            room_below = GAME_MAP[current_room+MAP_WIDTH]
            # 如果下面房间的顶部有出口，则在此房间底部添加出口
            if room_below[3]:
                room_map[room_height-1][middle_column] = floor_type
                room_map[room_height-1][middle_column + 1] = floor_type
                room_map[room_height-1][middle_column - 1] = floor_type
```

代码段 listing 4-2　创建 room_map 数据

你可以在不了解 room_map 代码如何工作的情况下创建 *Escape* 游戏，甚至创建你自己的游戏地图。但是，如果你想了解的话，请继续阅读，我将给你讲解代码是如何工作的。

## 1. 生成房间的代码是如何工作的

让我们从函数 generate_map( ) 开始。这个函数的功能是在给定房间的高度、宽度以及出口的位置后，能够生成一个房间地图，该地图可能看起来像这样：

```
[
[1, 1, 1, 1, 0, 0, 0, 1, 1, 1, 1],
[1, 0, 0, 0, 0, 0, 0, 0, 0, 0, 1],
[1, 0, 0, 0, 0, 0, 0, 0, 0, 0, 0],
[1, 0, 0, 0, 0, 0, 0, 0, 0, 0, 0],
```

```
[1, 0, 0, 0, 0, 0, 0, 0, 0, 0, 0],
[1, 0, 0, 0, 0, 0, 0, 0, 0, 0, 1],
[1, 1, 1, 1, 1, 1, 1, 1, 1, 1, 1]
]
```

这是 31 号房间的地图，即玩家开始游戏的房间。房间高度为 7 块砖，宽度为 11 块砖，顶部和右侧都有出口。地面（和墙上的出口）标记为 0。房间周围的墙壁标记为 1。图 4-2 以网格的形式显示了同一房间，列表的序列号显示在顶部和左侧。

玩家当前所在的房间号存储在变量 current_room 中，该变量的设置在程序的 VARIABLES 部分（请参见代码段 listing 4-1）。函数 generate_map( ) 首先从 GAME_MAP 中获取当前房间的房间数据 ❷，然后将其放入名为 room_data 的列表中。

| | 0 | 1 | 2 | 3 | 4 | 5 | 6 | 7 | 8 | 9 | 10 |
|---|---|---|---|---|---|---|---|---|---|---|---|
| 0 | 1 | 1 | 1 | 1 | 0 | 0 | 0 | 1 | 1 | 1 | 1 |
| 1 | 1 | 0 | 0 | 0 | 0 | 0 | 0 | 0 | 0 | 0 | 1 |
| 2 | 1 | 0 | 0 | 0 | 0 | 0 | 0 | 0 | 0 | 0 | 0 |
| 3 | 1 | 0 | 0 | 0 | 0 | 0 | 0 | 0 | 0 | 0 | 0 |
| 4 | 1 | 0 | 0 | 0 | 0 | 0 | 0 | 0 | 0 | 0 | 0 |
| 5 | 1 | 0 | 0 | 0 | 0 | 0 | 0 | 0 | 0 | 0 | 1 |
| 6 | 1 | 1 | 1 | 1 | 1 | 1 | 1 | 1 | 1 | 1 | 1 |

**图 4-2　代表 31 号房间的网格**
（1 表示墙柱，0 表示地面）

如果你回想一下我们设置 GAME_MAP 时的情况，那么列表 room_data 中的信息现在看起来将是以下内容：

```
["The airlock", 13, 5, True, False]
```

这种列表格式化地保存了房间信息，通过列表中序列号为 0 的元素能够设置 room_name，通过列表中序列号为 1 和序列号为 2 的元素我们能够得到房间的高度和宽度。函数 generate_map( ) 会将高度和宽度信息存储在变量 room_height 和 room_width 中。

## 2. 创建基本的房间形状

下一步是设置用于建造房间的材料，并使用它们创建基本的房间形状。稍后我们将添加出口。每个房间都包含三个元素：

1）**地面类型**，存储在变量 floor_type 中。在空间站内部，我们使用地砖（在 room_map 中以 0 表示），在外部，我们使用土壤（在 room_map 中以 2 表示）。

2）**边缘类型**，出现在房间边缘的位置。对于空间站内部，这是墙体，以 1 表示。对于外部，这是土壤。

3）**底部边缘类型**。对于空间站内部是墙体，对于外部是土壤。外部空间与空间站相接的最底部的行是一种特殊情况，因为此处可以看到空间站的墙，所以底部边缘 bottom_edge 类型是墙体（见图 4-3）。

我们使用一个名为 get_floor_type( ) 的函数 ❶ 来查看房间正确的地面类型。函数可以使用 return 指令将信息发送回程序的其他部分，如你在此函数中所见。函数 get_floor_type( ) 会检查 current_room 值是否在 outdoor_rooms 的范围内。如果在，则该函数将返回数字 2，代表火星土壤。否则，它将返回数字 0，代表地砖。此检查位于单独的函数中，因此程序的其他部分也可以使用它。在函数 generate_map( ) 中会将函数 get_floor_type( ) 的返回值放入变量 floor_type 中。使用一条指令 ❸，函数 generate_map( ) 将变量 floor_type 设置为等于函数 get_floor_type( ) 的返回值，并且告诉函数 get_floor_type( ) 现在运行。

  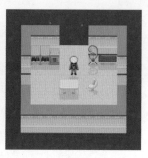

行星表面　　　　与空间站接壤的行星表面　　　　室内

图 4-3　根据房间在空间站中的位置，房间的边缘和底部边缘使用的材料不同
（请注意，目前你的游戏中还不包括航天员和其他物品）

函数 generate_map( ) 还会设置变量 bottom_edge 和 side_edge。这些变量存储用于制作房间边缘的材料类型，见图 4-3。侧边材料用于顶部、左侧和右侧，而底部边缘材料用于底部边缘。如果房间号在 1 ~ 20 之间（含 1 和 20），则为一般的行星表面。在这种情况下，底部和边缘都是土壤。如果房间号在 21 ~ 25 之间，则是与空间站相接的行星表面。这是一种特殊情况：侧边的材料是土壤，而底部则是墙柱。如果房间号大于 25，则对应是内部房间，其侧边和底部边缘都是墙柱（你可以参照图 4-1 来检查这些房间号）。

下面来创建列表 room_map，我们先来创建第一行，对于空间站外部来说，这一行是土壤，而对于空间站内部来说，这一行是墙体。第一行都是使用相同的材料制成，因此我们可以使用快捷方式。在 shell 中输入以下的内容：

```
>>> print([1] * 10)
[1, 1, 1, 1, 1, 1, 1, 1, 1, 1]
```

print( ) 指令中的 [1] 是仅包含一项的列表。当我们乘以 10 的时候，我们得到一个包含 10 个列表项的列表。在我们的程序中，是采用边缘类型乘以房间的宽度 ❹。如果顶部边缘有出口的话，之后我们再添加。

房间的中间行是使用循环 ❺ 创建的，该循环将每一行依次添加到 room_map 的末尾。一个房间中的所有中间行都是相同的，它们由以下部分组成：

1）房间左侧的边缘（墙体或土壤）。

2）中间的地面。这里可以再次使用快捷方式，我们将 floor_type 乘以房间中间空间的大小。这个值是 room_width 减 2，因为房间有左右两个边缘。

3）房间右侧的边缘。

然后创建底部边缘这一行 ❻，生成方式与顶部第一行的生成方式一样。

## 3. 增加出口

接下来，我们要在指定的墙上添加出口。出口位于墙体的中间，因此首先我们要确定中间行和中间列的位置 ❼，方法是将房间的高度和宽度除以 2。有时，此计算会得出带有小数的数字，而我们的索引位置需要一个整数，因此我们要使用 int( ) 函数删除小数部分 ❼。int( ) 函数会将十进制数转换为整数（int 型）。

我们先检查右侧的出口❽。请记住，room_data 中包含了这间房间的信息，该信息最初是从 GAME_MAP 获取的。room_data[4] 的值告诉我们此房间右侧是否有出口。指令

```
if room_data[4]:
```

是以下指令的缩写：

```
if room_data[4] == True:
```

我们使用"＝＝"来检查两件事是否相同。通常选择布尔值数据的一个原因是，这会让代码更易读，就像这个示例所示。

当右侧有出口时，我们将右侧墙体中间的三个位置从边缘类型更改为地面类型，从而在此处的墙体中留出一个空隙。room_width-1 的值对应的是右侧墙体的 x 位置：我们减去 1 是因为序列号是从 0 开始的。例如，在图 4-2 中，你可以看到房间宽度为 11 块砖，而右侧墙体的索引位置为 10。在行星表面上，这段代码不会改变任何东西，因为那里没有墙需要留出空隙。但是直接让程序添加地砖更为简单，因此我们不必为特殊情况编写代码。

在检查左侧墙体是否需要出口时，我们先要确定房间不在地图的最左侧，因为那里没有出口❾。当我们将一个数除以另一数时，运算符"%"会提供余数。我们使用运算符 % 将当前房间号除以地图宽度（5），如果房间在地图最左侧，则运算结果为 1。最左侧的房间号为 1、6、11、16、21、26、31、36、41、46。因此，我们仅在余数不为 1 时继续检查左侧墙体是否有出口（"!="表示"不等于"）。

而要查看是否需要在该房间左侧添加出口时，我们可以从当前房间号中减去 1 来算出哪个房间在墙体的另一侧。然后，再检查该房间的右侧是否有出口。如果有的话，则就要在当前房间的左侧添加出口。

顶部和底部的出口以类似的方式添加❿。我们直接检查 room_data 以查看房间顶部是否有出口，如果有，我们在那堵墙中添加一个空隙。我们也可以检查下面的房间，看看在底部是否应该有一个出口。

## 4. 测试程序

运行该程序时，确认在 Python shell 中没有看到任何错误。你还可以生成地图并在 shell 中输出地图，以此来检查程序是否正常运行，如下所示：

```
>>> generate_map()
>>> print(room_map)
[[1, 1, 1, 1, 0, 0, 0, 1, 1, 1, 1], [1, 0, 0, 0, 0, 0, 0, 0, 0, 0, 1], [1, 0,
0, 0, 0, 0, 0, 0, 0, 0, 0], [1, 0, 0, 0, 0, 0, 0, 0, 0, 0, 0], [1, 0, 0, 0, 0, 0,
0, 0, 0, 0, 0, 0], [1, 0, 0, 0, 0, 0, 0, 0, 0, 0, 1], [1, 1, 1, 1, 1, 1, 1, 1, 1,
1, 1, 1]]
```

默认情况下，变量 current_room 设置为 31 号房间，即游戏开始的房间，因此这也是要输出的 room_map 数据。依据 GAME_MAP 数据（见图 4-2），我们可以看到这

个房间有 7 行 11 列，而我们的输出有 7 个列表，每个列表包含 11 个数字：完美。而且，我们看到第 1 行是 4 个墙柱，3 个地面，然后再是 4 个墙柱，因此该功能已经按照我们的预想设定了出口。之后其中的 3 个列表的最后一个数字也为 0，这表示在右侧也有出口。程序运行正常！

**练习任务#1**

你可以在 shell 中更改 current_room 的值以输出其他房间。尝试输入不同的房间号，重新生成地图并输出。根据地图和 GAME_MAP 代码检查输出，以确保结果符合你的期望。举例如下：

```
>>> current_room = 45
>>> generate_map()
>>> print(room_map)
[[1, 1, 0, 0, 0, 1, 1], [1, 0, 0, 0, 0, 0, 1], [1, 0, 0, 0, 0, 0, 1],
[1, 0, 0, 0, 0, 0, 1], [1, 0, 0, 0, 0, 0, 1], [1, 0, 0, 0, 0, 0, 1],
[1, 1, 0, 0, 0, 1, 1]]
```

当你输入一个行星表面的编号时会发生什么呢？

## 4.7 探索 3D 空间站

让我们将房间地图变成房间！我们会将第 3 章中把地图转换为 3D 房间的代码和本章中从游戏地图中提取房间地图的代码结合在一起。然后，我们可以参观一下空间站并确定我们的位置。

程序的 Explorer（探索）部分将使我们能够查看空间站上的所有房间。我们将在程序中提供自己的"探索"部分。这是一个临时的功能，能让我们快速查看结果。在第 7 章和第 8 章中，我们将学习使用更好的代码替换"探索"部分以查看房间。

将代码段 listing 4-3 添加到 listing 4-2 的程序末尾，在灰色的内容之后。然后将程序另存为 listing4-3.py。请记住将其与本书的其他程序一起保存在 escape 文件夹中，这样程序才能正常地访问 images 文件夹（请参阅引言中 0.4 节的内容）。

listing 4-3.py

```
        room_map[room_height-1][middle_column] = floor_type
        room_map[room_height-1][middle_column + 1] = floor_type
        room_map[room_height-1][middle_column - 1] = floor_type


##############
## EXPLORER ##
##############

def draw():
    global room_height, room_width, room_map
❶   generate_map()
    screen.clear()
```

```
❷      for y in range(room_height):
           for x in range(room_width):
               image_to_draw = DEMO_OBJECTS[room_map[y][x]]
               screen.blit(image_to_draw,
                   (top_left_x + (x*30),
                   top_left_y + (y*30) - image_to_draw.get_height()))

❸  def movement():
       global current_room
       old_room = current_room

       if keyboard.left:
           current_room -= 1
       if keyboard.right:
           current_room += 1
       if keyboard.up:
           current_room -= MAP_WIDTH
       if keyboard.down:
           current_room += MAP_WIDTH

❹      if current_room > 50:
❺          current_room = 50
       if current_room < 1:
           current_room = 1

❻      if current_room != old_room:
❼          print("Entering room:" + str(current_room))

❽  clock.schedule_interval(movement, 0.1)
```

代码段 listing 4-3　探索 (Explorer) 代码

　　代码段 listing 4-3 中新增的内容对你来说应该很熟悉。我们调用函数 generate_map( ) 为当前房间创建 room_map 数据 ❶。然后，使用代码段 listing 3-5 中创建的代码来显示它 ❷。我们使用键盘来更改变量 current_room❸，类似于我们在第 1 章中更改航天员 x 坐标和 y 坐标的方式 (请参见代码段 listing 1-4)。要在地图中上移或下移，对应的是将 current_room 加上或减去游戏地图的宽度。例如，要从 32 号房间向上移动，我们会减去 5 进入 27 号房间 (见图 4-1)。如果房间号更改了，程序将输出变量 current_room❻。函数 str( ) 会将房间号转换为字符串 ❼，因此可以将其连接到字符串 "Entering room:" 之后。如果不使用函数 str( )，则无法将数字连接到字符串后面。

　　最后，我们设定函数 movement( ) 以固定间隔时间运行 ❽，就像第 1 章中那样。这次，函数每次运行的间隔时间更长 (0.1s)，因此按键的响应性会较差。

　　在命令行窗口中转到 escape 文件夹，然后使用 pgzrun listing4-3.py 命令来运行程序。

　　窗口屏幕应类似于图 4-4，该图显示了 31 号房间的墙体和出口。

　　现在，你可以使用方向键探索地图了。该程序将为你绘制一个房间，当你按下方向键的时候还能跳转到相邻的房间。此时，你只是能看到房间的外貌：墙体和地面。稍后，我们将在房间中添加更多的物品以及你的角色。

图 4-4　以 3D 形式探索你的起始房间

目前，你可以向任何方向行走，包括穿过墙壁：程序不会检查任何移动错误。如果你走出地图的左侧，则会在高一行的右侧重新出现。如果你走出地图的右侧，则会在低一行的左侧重新出现。如果你尝试离开地图的顶部或底部，则程序会让你返回 1 号房间（顶部）或 50 号房间（底部）。例如，如果房间号大于（>）50 ❹，则会被重新设置为 50 ❺。在此代码中，我降低了按键的灵敏度，以避免过快的切换房间。如果你发现按键没反应或动作缓慢，则可能需要按的时间稍微长一些。

探索空间站，并将你在窗口屏幕上看到的内容与图 4-1 中的地图进行比较。如果发现任何错误，请返回 GAME_MAP 检查数据，然后再查看函数 generate_map( ) 以确保输入正确。为了帮助你定位地图，当你移至新房间时，其编号将显示在你输入 pgzrun 命令的命令行窗口中，见图 4-5。

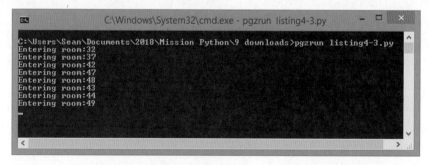

图 4-5　命令行窗口告诉你进入了哪个房间

另外，检查两边是否都有出口：如果你穿过一扇门，而从另一边没有看到门，则说明函数 generate_map( ) 输入错误。在地图上移动，以确保在开始调试之前不会离开地图的边缘并来到另一侧。你需要花点时间来确保你的地图数据和函数都正确无误，因为损坏的地图数据可能会导致无法完成 Escape 游戏！

**练习任务#2**

为了享受玩 *Escape* 游戏以及解决难题的乐趣，建议你使用我为游戏地图提供的数据。在你完成游戏并决定重新设计之前，最好不要更改数据。否则，物品可能位于你无法到达的位置，从而使游戏无法完成。

但是，你可以放心地扩展地图。最简单的方法是在地图底部添加另一排房间，并确保有一扇门将至少一个新房间连接到地图的现在底部的房间。记住要更改变量 MAP_HEIGHT。你还需要将探索代码（listing4-3.py）中的数字 50 更改为最高的房间号（见 ❹ 和 ❺）。为什么现在不添加个走廊呢？

## 4.8 制作自己的地图

创建并玩完了 *Escape* 游戏之后，你可以使用此代码制作自己的地图或设计自己的游戏布局。

如果你要为 1 ～ 25 号房间添加自己的地图数据，请删除自动生成其数据的代码（参见 listing 4-1 中的 ❻）。然后，再为这些房间添加自己的数据。

另外，如果你不想使用行星表面的地点，只需将其出口遮挡即可。行星表面的出口在 26 号房间中。更改该房间在 GAME_MAP 列表中的内容，使其在顶部没有出口。你可以使用从 26 号房间开始的房间号，然后向下扩展地图以制作完全在室内进行的游戏。这样，你无须进行任何代码更改即可做到无法到达行星表面。

如果你从 *Escape* 游戏地图上移除了一个出口（包括 26 号房间中的出口），则可能还需要移除一扇门。房间顶部和底部的某些出口将设有密闭门（我们将在第 11 章中为 *Escape* 游戏添加门。）

## 4.9 你掌握了么

确认以下内容，以检查你是不是已经了解了本章的关键内容。

❑ GAME_MAP 列表存储 *Escape* 游戏的主地图数据。

❑ GAME_MAP 只需要存储房间顶部和右侧的出口。

❑ 当玩家访问房间时，函数 generate_map( ) 会生成当前房间的列表 room_map。列表 room_map 描述了墙体和对象在房间中的位置。

❑ 地点 1 ～ 25 号是行星表面，通过循环生成其地图数据。地点 26 ～ 50 号是空间站房间，你需要手动输入其数据。

❑ 我们使用注释来帮助我们标明 *Escape* 游戏程序中各块代码的功能。

❑ 在脚本模式下使用程序添加数据时，可以在 shell 中检查列表和变量的内容，以确保程序正常运行。切记先运行程序来设置数据！

❑ 探索代码让你可以使用方向键查看游戏地图中的每个房间。

❑ 确保游戏地图与图 4-1 的匹配非常重要。否则，玩家可能无法完成 *Escape* 游戏。你可以使用探索程序执行此操作。

## 任务汇报

这是本章中练习任务的答案。

### 练习任务 #1

如果你前往行星表面的一个"房间",则整个地图都是由火星土壤组成的,因此你应该只会看到重复的数字 2。如果你前往与空间站连接的行星表面,则还应该在底部看到空间站的墙。

### 练习任务 #2

为了扩展我的游戏,我在地图的底部添加了一个秘密通道,该通道与 46 号房间和 50 号房间相连。为此,请在程序的地图部分将 MAP_HEIGHT 从 10 更改为 11:

```
MAP_HEIGHT = 11
```

列表 GAME_MAP 中,在 50 号房间的数据末尾,且在注释符号"#"之前添加一个逗号:

```
["The south east corner", 7, 9, True, False], # room 50
```

在列表 GAME_MAP 的 50 号房间之后添加一排房间。每个房间的列表都必须以逗号结尾,不过最终房间的列表除外。所有列表都应位于列表 GAME_MAP 的最后一个方括号之中:

```
--snip--
    ["The robot workshop", 9, 11, True, False], # 房间 50
    ["Secret Passageway", 9, 15, True, True], # 房间 51
    ["Secret Passageway", 9, 9, False, True], # 房间 52
    ["Secret Passageway", 9, 15, False, True], # 房间 53
    ["Secret Passageway", 9, 9, False, True], # 房间 54
    ["Secret Passageway", 9, 15, True, False] # 房间 55
    ]
--snip--
```

我将这个通道中房间的宽度交替设置为 15 和 9,这样你就可以明显地看到转到了另一个房间。如果你的房间看上去都一样,那么在此简单的探索代码中,很难知道你何时移到了另一个房间。在最终的 *Escape* 游戏中,你将可以清楚地看到何时在相似的房间之间走动,因为角色将走出一扇门并从对面的门进入。

我还更改了探索代码(listing4-3.py),以显示新的房间,最多能到 55 号房间:

```
--snip--
    if current_room > 55:
        current_room = 55
    if current_room < 1:
        current_room = 1
--snip--
```

# 第 5 章

# 筹备空间站设备

现在空间站的墙体已经建完了，可以开始安装设备了。我们需要不同设备的详细信息，包括家具、救生系统和实验机械。在本章中，你将学习添加空间站上所有设备的信息，包括它们的图像和说明。你还将尝试设计自己的房间，并使用在第 4 章中创建的探索程序对其进行查看。

## 5.1 创建一个简单的行星字典

为了存储空间站设备的信息，我们将使用一种称为"字典"的编程概念。字典有点像列表，但是有内置的搜索引擎。下面让我们仔细看看它是如何工作的。

### 1. 列表和字典之间的区别

与纸质字典一样，你可以使用单词或短语在 Python 字典中查找信息。该单词或短语称为键，与该键关联的信息称为值。与纸质字典不同，Python 字典中的条目可以按任何顺序排列，它们不必只按字母顺序排列。Python 可以直接转到所需的条目，无论它在哪里。

假设你有一个列表，其中包含了先前太空任务的信息。你可以使用以下的命令从该列表中获得第一项：

```
print(mission_info[0])
```

如果 mission_info 是字典而不是列表，则可以使用任务名称而不是序列号来获取有关该任务的信息，如下所示：

```
print(mission_info["Apollo 11"])
```

键可以是单词或短语，也可以是数字。这里我们将使用单词，因为这样更容易理解列表和字典之间的区别。

## 2. 制作天文速查字典

所有航天员都需要对太阳系有一个全面的了解，因此，我们通过制作第一个字典来了解一下太阳系的各个行星。这里将使用行星名作为键，与之关联的是该行星的信息。

看一下代码段 listing 5-1，它创建了一个名为 planets 的字典。创建字典时，要使用花括号（{}）来表示它的开始和结束，而不是用列表使用的方括号。

字典中的每个条目均包含键、冒号和对应该条目的信息。与列表一样，我们用逗号分隔条目，而文本两边也要加上双引号。

在 IDLE 中打开一个新文件（**File→New File**），然后输入以下程序。将其另存为 listing5-1.py。

listing 5-1.py
```
planets = { "Mercury": "The smallest planet, nearest the Sun",
            "Venus": "Venus takes 243 days to rotate",
            "Earth": "The only planet known to have native life",
            "Mars": "The Red Planet is the second smallest planet",
            "Jupiter": "The largest planet, Jupiter is a gas giant",
            "Saturn": "The second largest planet is a gas giant",
            "Uranus": "An ice giant with a ring system",
            "Neptune": "An ice giant and farthest from the Sun"
            }

❶ while True:
❷     query = input("Which planet would you like information on? ")
❸     print(planets[query])
```

代码段 listing 5-1　你的第一个字典

该程序未使用 Pygame Zero，因此你可以通过单击 IDLE 窗口顶部的 **Run→Run Module** 来运行它（如果使用 pgzrun 来运行它，仍然可以工作，但使用菜单会更方便）。运行该程序时，它会通过内置函数 input( ) 询问你想要了解哪个行星的信息 ❷。输入 **Earth**（地球）或 **Jupiter**（木星）试试看。

```
Which planet would you like information on? Earth
The only planet known to have native life
Which planet would you like information on? Jupiter
The largest planet, Jupiter is a gas giant
```

你输入的行星名都会存储在变量 query 中，然后程序使用该变量在字典 planets 中查找该行星的信息 ❸。在使用列表时，我们在方括号中输入的是序列号，而这里是在方括号中输入单词来获取信息，该单词则是存储在变量 query 中。

在 Python 中，我们可以使用 while 循环 ❶ 来重复一组指令。与 for 循环重复一定次数不同，while 循环通常会重复运行直到发生某些改变。通常在游戏中，while 命令将检查变量以确定是否继续重复指令。例如，指令 while lives > 0 会保证游戏持续进行，直到玩家的 lives（生命）为零。当变量 lives 变为 0 时，循环中的指令将停止重复。

我们在 listing5-1.py 中使用的 while True 命令将会让循环永远重复，因为它的意思是 "while True is True"，即始终如此。为了保证 while True 命令正常工作，要确保 True 的第一个字母大写，同时在末尾要加上一个冒号。

在 while 命令下面，我们使用四个空格的缩进来标识应重复的指令。在这里，我们会输出信息询问你想了解哪个行星的信息，然后将这个行星的信息输出给你，所以这两条指令会一直重复。输入行星名并获取信息后，程序会要求你输入另一个行星名，然后再一个，直到永远。或者，你可以按下 Ctrl+C 键来停止程序。

尽管这个程序可以运行了，但尚未完成。如果输入字典中没有的行星名，可能会得到一个错误。让我们来修复一下代码，以便能返回一条有用的消息。

## 3. 字典的错误处理

当你输入词典中没有的键时，就会看到一条错误消息。Python 寻找时会完全匹配。因此，如果你尝试查找字典中没有的内容，或者说有一个很小的拼写错误，都将无法获得所需的信息。

字典的键就像变量名一样，是区分大小写的，因此，如果你输入的是 earth 而不是 Earth，程序就会出错。如果你输入一个不存在的行星名，则会发生以下情况：

```
Which planet would you like information on? Pluto
Traceback (most recent call last):
  File "C:\Users\Sean\Documents\Escape\listing5-1.py", line 13, in <module>
    print(planets[query])
KeyError: 'Pluto'
>>>
```

可怜的 Pluto（冥王星）！被发现 76 年后，冥王星于 2006 年被取消了行星的资格，所以它不在我们的行星字典中。

### 练习任务#1

你可以在字典中为冥王星添加一个条目吗？要特别注意引号、冒号和逗号的位置。你可以将其添加到字典中的任何位置。

当程序在字典中查找不存在的条目时，它将停止该程序并回到 Python shell 提示符状态。为避免这种情况，我们需要程序先做一个检查，在尝试使用输入的单词查找之前，先检查该单词是否字典中的键。

输入字典名，然后输入 "." 和 keys( )，你可以查看字典中有哪些键。这种称为 "方法"。简单来说，方法是一组指令，你可以使用 "." 将其附加到一条数据上。在 Python shell 中运行以下代码：

```
>>> print(planets.keys())
dict_keys(['Mars', 'Pluto', 'Jupiter', 'Earth', 'Uranus', 'Saturn', 'Mercury',
'Neptune', 'Venus'])
```

你可能会注意到这里有些奇怪。完成练习任务 #1 后，我将 Pluto（冥王星）添加到了字典中作为最后一项。但在此输出中，它在键列表中排名第二。当你将新的内容添加到列表中时，它们会放在末尾，但是在字典中，情况并非总是如此。这取决于你使用的 Python 版本（最新版的字典项的顺序与你添加它们的顺序相同）。如上所述，字典中键的顺序无关紧要。Python 会找出键在字典中的位置，因此你无须考虑它。

为了防止程序在用户要求提供字典中未包含的行星信息时出错，请使用代码段 listing 5-2 中的新内容修改程序。

listing 5-2.py

```
--snip--
while True:
    query = input("Which planet would you like information on? ")
❶   if query in planets.keys():
❷       print(planets[query])
    else:
❸       print("No data available! Sorry!")
```

代码段 listing 5-2　验证字典的错误处理

将程序另存为 listing5-2.py，然后单击 **Run→Run Module** 运行它。输入一个正确的行星名，再输入一个不在键列表中的行星名来检查程序是否有效。示例如下：

```
Which planet would you like information on? Venus
Venus takes 243 days to rotate
Which planet would you like information on? Tatooine
No data available! Sorry!
```

在程序尝试使用输入的单词查找之前，先检查 query 是否是字典中的键 ❶，我们可以防止程序出错。如果键确实存在，我们将像之前一样使用 query ❷。否则，我们会向用户发送一条消息，告诉他们字典中没有该信息 ❸。现在该程序的交互更加友好了。

## 4. 将列表放入字典中

目前，我们的行星字典还有些限制。如果我们想添加额外的信息，例如行星是否有环以及有多少颗卫星，该怎么办呢？为此，可以使用列表来存储有关行星的多个信息，然后将该列表放入字典中。

例如，这是 Venus（金星）的新条目：

```
"Venus": ["Venus takes 243 days to rotate", False, 0]
```

方括号标记了列表的开始和结束，列表中包含三项内容：简单的描述、该行星是否有环及其拥有的卫星数。由于 Venus（金星）没有环，因此第二项为 False。它也没有任何卫星，因此第三项是 0。

**警告**：True 和 False 必须以大写字母开头，并且不能加引号。当你在 IDLE 中输入正确时，它们将变为橙色。

更改字典代码，使每个键都有一个列表，见代码段 listing 5-3，其余代码保持不变。请记住，字典条目之间用逗号分隔，因此除了最后一个列表外，所有列表的右方括号后面都有一个逗号。将更新的程序另存为 listing5-3.py。

我也提供了有关 Pluto（冥王星）的信息。有人推测 Pluto（冥王星）可能有环，探索还在继续。当你阅读本书时，我们对 Pluto（冥王星）的理解可能已经发生了一些变化。

listing 5-3.py
```
planets = { "Mercury": ["The smallest planet, nearest the Sun", False, 0],
            "Venus": ["Venus takes 243 days to rotate", False, 0],
            "Earth": ["The only planet known to have native life", False, 1],
            "Mars": ["The second smallest planet", False, 2],
            "Jupiter": ["The largest planet, a gas giant", True, 67],
            "Saturn": ["The second largest planet is a gas giant", True, 62],
            "Uranus": ["An ice giant with a ring system", True, 27],
            "Neptune": ["An ice giant and farthest from the Sun", True, 14],
            "Pluto": ["Largest dwarf planet in the Solar System", False, 5]
            }
--snip--
```

代码段 listing 5-3　将列表放入字典

选择 **Run→Run Module** 运行程序。现在，当你询问有关行星的信息时，程序应显示该行星的整个列表：

```
Which planet would you like information on? Venus
['Venus takes 243 days to rotate', False, 0]
Which planet would you like information on? Mars
['The second smallest planet', False, 2]
```

## 5. 从字典中的列表中提取信息

我们已经知道了如何从字典中获取信息的列表，那么下一步就是从该列表中获取单个信息。例如，False 条目本身并没有意义。如果我们可以将其从列表中分出来，那么就可以在其旁边添加说明，这样显示的结果就能更容易理解。在第 4 章中，我们曾在房间地图的列表中使用列表。现在，我们将使用序列号从字典中的列表中获取具体信息。

因为 planets[query] 是整个列表，所以使用 planets[query][0] 就可以只看到描述（列表中的第一项）。我们使用 planets[query][1] 可以看看它是否有环。简而言之，我们做的事情如下：

1）使用存储在变量 query 中的行星名来访问行星字典中的特定列表。

2）使用序列号从该列表中提取单个列表项。

参考代码段 listing 5-4 修改程序。与以前一样，仅更改不是灰色的行。将程序另存为 listing5-4.py，然后单击 **Run→Run Module** 运行它。

listing 5-4.py

```
--snip--
while True:
    query = input("Which planet would you like information on? ")
    if query in planets.keys():
❶        print(planets[query][0])
❷        print("Does it have rings? ", planets[query][1])
    else:
        print("Databanks empty. Sorry!")
```

代码段 listing 5-4　显示字典中存储在列表中的信息

在运行 listing5-4.py 程序时，输出的内容应该如下所示：

```
Which planet would you like information on? Earth
The only planet known to have native life
Does it have rings?  False
Which planet would you like information on? Saturn
The second largest planet is a gas giant
Does it have rings?  True
```

这适用于字典中的每个行星！

现在，当你在字典中输入行星名的时候，程序将输出其信息列表中的第一项，即行星的描述 ❶。在下一行，程序会问该行星是否有环，然后显示 True 或 False 的回答。这是该行星信息列表中的第二项 ❷。你可以使用相同的 print( ) 指令显示一些文本和数据，只要信息之间用逗号分隔即可。这种显示方式比输出整个列表更清晰，并且信息更易于理解。

---

**练习任务#2**

你可以修改程序告诉我们该行星有多少颗卫星吗？

---

## 5.2　制作空间站物品字典

让我们将如何使用字典以及字典中列表的知识用在空间站上。空间站中所有的家具、生命保障设备、工具和个人物品，都有很多信息需要记录。我们将使用称为 objects（对象）的字典来存储游戏中所有不同物品的信息。

我们将数字用作 objects（对象）的键。这比为每个物品用一个单词简单。另外，如果你想要像第 4 章中那样输出地图的话，使用数字可以使你更容易理解房间的地图，同时还能减少输入出错的风险。当我们稍后为谜题创建代码时，答案也不会那么明显，这意味着如果你在玩游戏之前先构建游戏，知道的线索也会少一些。

你可能还记得在第 4 章中使用数字 0、1、2 表示地砖、墙柱和土壤。这些数字将继续用于这些项目，其余对象将使用数字 3 ~ 81 来表示。

字典中的每个条目都是一个包含相关对象信息的列表，类似于我们在本章前面的行星字典。列表包含每个对象的以下信息：

1）**对象图像文件**：不同的对象可以使用相同的图像文件。例如，所有门禁卡都使用相同的图像。

2）**阴影图像文件**：我们使用阴影来增强游戏中的 3D 透视效果。两个标准阴影分别是 images.full_shadow（用于较大的对象，填充整块砖）和 images.half_shadow（用于较小的对象，填充半块砖）。有独特轮廓的对象（例如仙人掌）具有仅用于该对象的阴影图像文件。有些项目（例如椅子）在图像文件中就有阴影。有些物品没有阴影，例如陨石坑和玩家可以携带的任何物品。当图像没有阴影时，其阴影文件名在字典中写为 None。None 是 Python 中的一种特殊数据类型。与 True 和 False 一样，你无须在其两端加上引号，而且要以大写字母开头。输入正确后，None 将会在代码中变为橙色。

3）**详细的描述**：当你在游戏中检查或选择一个对象时，将显示详细的描述。一些详细的描述包括线索以及一些简单的环境描述。

4）**简短的说明**：通常，当你在游戏中对对象进行某些操作时，屏幕上会显示简短的说明，例如"门禁卡或自动售货机"。操作时会说，"你放下了门禁卡"，这样类似的简短说明仅在玩家拿起或使用物品时使用。

游戏可以重复使用 objects 字典中的物品。例如，如果一个房间由 60 个或更多相同的墙柱组成，则游戏可以重复使用相同的墙体对象，而且它只需要在字典中定义一次。

有些物品使用相同的图像文件，但是有其他的差异，这意味着我们必须将它们分别存储在字典中。例如，门禁卡根据属于谁而有不同的描述，门根据使用的钥匙不同而有不同的描述。每个门禁卡和门在 objects 字典中都有各自的条目。

## 1. 在 *Escape* 游戏中添加第一批对象

打开在第 4 章中创建的 listing 4-3.py。该代码包含了游戏地图和用于生成房间地图的代码。我们将完善该程序以继续构建 *Escape* 游戏。

首先，我们需要设置一些变量。在冒险开始之前，名为 Poodle 着陆器的科研飞船坠落在行星表面。我们将在这些新变量中存储随机的坠落地点的坐标。现在，我们添加这些变量是因为地图对象（第 27 号）将需要它们进行描述。

在现有的 listing4-3.py 文件中，将代码段 listing 5-5 中的新内容添加到标识为 VARIABLES 的部分。我建议将它们添加到程序中其他变量的末尾，即 MAP 部分的上方，这样你的代码和我的代码就是一致的。将你的程序另存为 listing5-5.py。如果你现在运行该程序，它将不会执行任何新操作，但是如果你想试试，请输入 pgzrun listing5-5.py。

listing 5-5.py
```
--snip--
###############
## VARIABLES ##
###############

--snip--

DEMO_OBJECTS = [images.floor, images.pillar, images.soil]
```

```
LANDER_SECTOR = random.randint(1, 24)
LANDER_X = random.randint(2, 11)
LANDER_Y = random.randint(2, 11)

###############
##    MAP    ##
###############
--snip--
```

代码段 listing 5-5　添加坠落地点位置变量

　　这些新指令创建了一些变量，以保存 Poodle 着陆器所在的区域（或房间号）及其在该区域中的 x 坐标和 y 坐标。指令使用函数 random.randint( )，该函数会在给定的两个参数数字之间选择一个随机数。这些指令在游戏开始时会运行一次，因此每次着陆器的位置都会有所不同，但在游戏过程中是不会改变的。

　　现在，添加对象数据的第一块，见代码段 listing 5-6。这段代码中提供了对象 0 ~ 12 的数据。由于玩家无法拾取或使用这些对象，因此没有简短说明。

listing 5-6.py

```
--snip--

assert len(GAME_MAP)-1 == MAP_SIZE, "Map size and GAME_MAP don't match"

###############
## OBJECTS  ##
###############

objects = {
    0: [images.floor, None, "The floor is shiny and clean"],
    1: [images.pillar, images.full_shadow, "The wall is smooth and cold"],
    2: [images.soil, None, "It's like a desert. Or should that be dessert?"],
    3: [images.pillar_low, images.half_shadow, "The wall is smooth and cold"],
    4: [images.bed, images.half_shadow, "A tidy and comfortable bed"],
    5: [images.table, images.half_shadow, "It's made from strong plastic."],
    6: [images.chair_left, None, "A chair with a soft cushion"],
    7: [images.chair_right, None, "A chair with a soft cushion"],
    8: [images.bookcase_tall, images.full_shadow,
        "Bookshelves, stacked with reference books"],
    9: [images.bookcase_small, images.half_shadow,
        "Bookshelves, stacked with reference books"],
    10: [images.cabinet, images.half_shadow,
        "A small locker, for storing personal items"],
    11: [images.desk_computer, images.half_shadow,
        "A computer. Use it to run life support diagnostics"],
    12: [images.plant, images.plant_shadow, "A spaceberry plant, grown here"]
    }

###############
## MAKE MAP  ##
###############
--snip--
```

代码段 listing 5-6　添加第一批对象

将这部分代码放在现有程序的 MAKE MAP 部分的上方（listing5-5.py）。为了帮助你定位程序中的位置，可以在 IDLE 中按下 Ctrl+F 键以搜索特定的单词或短语。例如，尝试搜索 MAKE MAP，以查看在哪里添加代码段 listing 5-6 中的内容。搜索后，单击搜索对话框上的关闭按钮。记住，如果你不知道目前在程序中的什么位置，那么始终可以参考附录 A 中的完整游戏代码。

如果你不想输入数据，可以使用 listings 文件夹中的 data-chapter5.py 文件。它包含 objects 字典，因此你可以将其复制并粘贴到程序中。这里可以仅粘贴前 12 个项目。

请记住，代码的颜色可以帮助你发现错误。如果文字部分不是绿色，那一定是少了前面的双引号。如果绿色过多，则可能是忘记了后面的双引号。其中一些列表会分多行写，Python 是知道列表不完整的，直到看到右方括号为止。如果你调试自己的代码很困难，则可以使用我的代码（请参阅 1.4 节中的"使用我的程序"的内容）从任何章节开始继续项目制作。

代码段 listing 5-6 看起来与之前的行星字典类似：使用花括号标记字典的开始和结尾，字典中的每个条目都是一个列表，因此位于方括号内。两者主要区别在于，这次的关键是数字而不是单词。

将新程序另存为 listing5-6.py。该程序需要使用 Pygame Zero 用于显示图像，因此需要通过输入 pgzrun listing5-6.py 来运行新程序。运行效果应该和之前一样，因为我们添加了新数据，但尚未对该数据做任何处理。无论如何，都应该运行一下这个程序，因为如果在命令行窗口中看到了错误信息，则可以先修复新代码，再进行下一步。

## 2. 在空间站中查看对象

要查看对象，必须告诉游戏使用新字典。将程序探索部分的以下代码：

```
image_to_draw = DEMO_OBJECTS[room_map[y][x]]
```

修改为

```
image_to_draw = objects[room_map[y][x]][0]
```

这个很小的变化使探索代码可以使用我们的新对象字典，而不是我们之前使用的列表 DEMO_OBJECTS。

注意，我们现在使用的是小写字母，而不是大写字母。在此程序中，我将大写字母用于其值不会更改的常量。列表 DEMO_OBJECTS 从未更改：它仅用于查找图像文件名。但是字典 objects 有时会在玩游戏时改变其内容。

另一个区别是在行尾加了一个 [0]。这是因为当我们从字典 objects 中提取一个项目时，它为我们提供了完整的信息列表。但是我们只想在这里使用图像，它是该列表中的第一项，因此我们使用序列号 [0] 来提取它。

保存该程序并再次运行它，此时的房间看起来应该与以前相同。那是因为我们还没有添加任何新对象，而且地面、墙体和土壤的对象编号与之前使用的编号相同。

## 3. 设计房间

下面将一些物品添加到房间中。在程序的探索部分，添加代码段 listing 5-7 中所示的新内容：

listing 5-7.py    *--snip--*

```
###############
## EXPLORER  ##
###############

def draw():
    global room_height, room_width, room_map
    print(current_room)
    generate_map()

    screen.clear()
    room_map[2][4] = 7
    room_map[2][6] = 6
    room_map[1][1] = 8
    room_map[1][2] = 9
    room_map[1][8] = 12
    room_map[1][9] = 9
```
*--snip--*

代码段 listing 5-7    在房间中添加一些物品

这些新指令会在显示房间之前将对象物品添加到列表 room_map 中的不同位置。

要记住 room_map 先使用 y 坐标再使用 x 坐标。第一个数字号表示对象离房间的顶部有多远。数字越小，则离顶部越近。最小的可用数字通常为 1，因为墙体位于第 0 行。

第二个数字表示对象物品从左到右在房间中的距离。通常在第 0 列中有一堵墙，因此 1 也是该位置的最小可用数字。

等号另一侧的数字是特定对象物品的键。你可以通过查看代码段 listing 5-6 中的对象字典来检查每个数字代表哪个对象物品。

所以这行：

```
room_map[1][1] = 8
```

会将一个 8 号对象物品（一个高的书架）放在房间的左上角。而这一行：

```
room_map[2][6] = 6
```

会将一把椅子（对象物品 6）放在从顶部数的第三行，从左侧数的第七列的位置（记住，索引号从 0 开始）。

将程序另存为 listing5-7.py，然后输入 pgzrun listing5-7.py 来运行。图 5-1 显示了现在应该看到的房间样子。

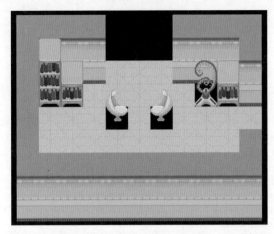

图 5-1 温馨！在空间站探索程序中显示了某些对象物品

由于探索程序只是一个演示程序，因此某些功能尚无法使用。例如，某些对象下面有一个黑色正方形，这是因为那里没有地砖。另外，所有房间看起来都一样，因为我们这是将对象的编码放到了 EXPLORER 的部分当中，所以它们会出现在显示的每个房间中。这意味着你无法查看所有房间，因为其中某些对象物品无法适用于所有房间。因此，你无法使用方向键查看所有房间。另外该程序也无法正常显示"床"这样的宽一些的对象物品。我们稍后将解决所有这些问题，不过此时我们可以继续构建和测试空间站。

> **练习任务#3**
>
> 试着修改探索程序中的代码，根据自己的喜好重新布置家具。这是学习如何在房间中放置对象的好方法。如果想要一间更大的房间，请将 VARIABLES 部分中 current_room 的值从 31 更改为 40（这是游戏中最大的房间）。将程序另存为 mission5-3.py，并使用 pgzrun mission5-3.py 来运行该程序。你需要保留现有探索代码（listing5-7.py），以便在练习任务 #4 中使用。

### 4. 添加其他对象

目前为止我们已将对象 0 ~ 12 添加到字典 objects 中。游戏中共有 81 个对象物品，因此，现在通过添加代码段 listing 5-8 中的内容来添加其余对象物品。记住要在第 12 项之后添加逗号，然后再在字典中添加其余项。

当多个文件使用相同的文件名或类似的描述时，你可以直接复制粘贴它们。若要复制代码，请在代码块的开头单击并按住鼠标左键，移动鼠标以选中要复制的内容，然后按下 Ctrl+C 键。之后，在要粘贴该代码的位置单击鼠标，然后按下 Ctrl+V 键。记住，如果你想节省输入的时间，可以从 data-chapter5.py 文件中复制粘贴整个字典。

将程序另存为 listing5-8.py，然后通过输入 pgzrun listing5-8.py 来测试程序是否正常，不过你不会看到任何新变化。

以下是代码段 listing 5-8：

listing 5-8.py

```
###############
## OBJECTS ##
###############

objects = {
    0: [images.floor, None, "The floor is shiny and clean"],
    --snip--

    12: [images.plant, images.plant_shadow, "A spaceberry plant, grown locally"],
❶   13: [images.electrical1, images.half_shadow,
        "Electrical systems used for powering the space station"],
    14: [images.electrical2, images.half_shadow,
        "Electrical systems used for powering the space station"],
    15: [images.cactus, images.cactus_shadow, "Ouch! Careful on the cactus!"],
    16: [images.shrub, images.shrub_shadow,
        "A space lettuce. A bit limp, but amazing it's growing here!"],
    17: [images.pipes1, images.pipes1_shadow, "Water purification pipes"],
    18: [images.pipes2, images.pipes2_shadow,
        "Pipes for the life support systems"],
    19: [images.pipes3, images.pipes3_shadow,
        "Pipes for the life support systems"],
❷   20: [images.door, images.door_shadow, "Safety door. Opens automatically \
for astronauts in functioning spacesuits."],
    21: [images.door, images.door_shadow, "The airlock door. \
For safety reasons, it requires two person operation."],
    22: [images.door, images.door_shadow, "A locked door. It needs " \
        + PLAYER_NAME + "'s access card"],
    23: [images.door, images.door_shadow, "A locked door. It needs " \
        + FRIEND1_NAME + "'s access card"],
    24: [images.door, images.door_shadow, "A locked door. It needs " \
        + FRIEND2_NAME + "'s access card"],
    25: [images.door, images.door_shadow,
        "A locked door. It is opened from Main Mission Control"],
    26: [images.door, images.door_shadow,
        "A locked door in the engineering bay."],
❸   27: [images.map, images.full_shadow,
        "The screen says the crash site was Sector: " \
        + str(LANDER_SECTOR) + " // X: " + str(LANDER_X) + \
        " // Y: " + str(LANDER_Y)],
    28: [images.rock_large, images.rock_large_shadow,
        "A rock. Its coarse surface feels like a whetstone", "the rock"],
    29: [images.rock_small, images.rock_small_shadow,
        "A small but heavy piece of Martian rock"],
    30: [images.crater, None, "A crater in the planet surface"],
    31: [images.fence, None,
        "A fine gauze fence. It helps protect the station from dust storms"],
    32: [images.contraption, images.contraption_shadow,
        "One of the scientific experiments. It gently vibrates"],
    33: [images.robot_arm, images.robot_arm_shadow,
        "A robot arm, used for heavy lifting"],
    34: [images.toilet, images.half_shadow, "A sparkling clean toilet"],
    35: [images.sink, None, "A sink with running water", "the taps"],
    36: [images.globe, images.globe_shadow,
        "A giant globe of the planet. It gently glows from inside"],
    37: [images.science_lab_table, None,
        "A table of experiments, analyzing the planet soil and dust"],
    38: [images.vending_machine, images.full_shadow,
        "A vending machine. It requires a credit.", "the vending machine"],
```

```
39: [images.floor_pad, None,
       "A pressure sensor to make sure nobody goes out alone."],
40: [images.rescue_ship, images.rescue_ship_shadow, "A rescue ship!"],
41: [images.mission_control_desk, images.mission_control_desk_shadow, \
       "Mission Control stations."],
42: [images.button, images.button_shadow,
       "The button for opening the time-locked door in engineering."],
43: [images.whiteboard, images.full_shadow,
       "The whiteboard is used in brainstorms and planning meetings."],
44: [images.window, images.full_shadow,
       "The window provides a view out onto the planet surface."],
45: [images.robot, images.robot_shadow, "A cleaning robot, turned off."],
46: [images.robot2, images.robot2_shadow,
       "A planet surface exploration robot, awaiting set-up."],
47: [images.rocket, images.rocket_shadow, "A 1-person craft in repair."],
48: [images.toxic_floor, None, "Toxic floor - do not walk on!"],
49: [images.drone, None, "A delivery drone"],
50: [images.energy_ball, None, "An energy ball - dangerous!"],
51: [images.energy_ball2, None, "An energy ball - dangerous!"],
52: [images.computer, images.computer_shadow,
       "A computer workstation, for managing space station systems."],
53: [images.clipboard, None,
       "A clipboard. Someone has doodled on it.", "the clipboard"],
54: [images.bubble_gum, None,
       "A piece of sticky bubble gum. Spaceberry flavour.", "bubble gum"],
55: [images.yoyo, None, "A toy made of fine, strong string and plastic. \
Used for antigrav experiments.", PLAYER_NAME + "'s yoyo"],
56: [images.thread, None,
       "A piece of fine, strong string", "a piece of string"],
57: [images.needle, None,
       "A sharp needle from a cactus plant", "a cactus needle"],
58: [images.threaded_needle, None,
       "A cactus needle, spearing a length of string", "needle and string"],
59: [images.canister, None,
       "The air canister has a leak.", "a leaky air canister"],
60: [images.canister, None,
       "It looks like the seal will hold!", "a sealed air canister"],
61: [images.mirror, None,
       "The mirror throws a circle of light on the walls.", "a mirror"],
62: [images.bin_empty, None,
       "A rarely used bin, made of light plastic", "a bin"],
63: [images.bin_full, None,
       "A heavy bin full of water", "a bin full of water"],
64: [images.rags, None,
       "An oily rag. Pick it up by a corner if you must!", "an oily rag"],
65: [images.hammer, None,
       "A hammer. Maybe good for cracking things open...", "a hammer"],
66: [images.spoon, None, "A large serving spoon", "a spoon"],
67: [images.food_pouch, None,
       "A dehydrated food pouch. It needs water.", "a dry food pack"],
68: [images.food, None,
       "A food pouch. Use it to get 100% energy.", "ready-to-eat food"],
69: [images.book, None, "The book has the words 'Don't Panic' on the \
cover in large, friendly letters", "a book"],
70: [images.mp3_player, None,
       "An MP3 player, with all the latest tunes", "an MP3 player"],
71: [images.lander, None, "The Poodle, a small space exploration craft. \
Its black box has a radio sealed inside.", "the Poodle lander"],
```

```
    72: [images.radio, None, "A radio communications system, from the \
  Poodle", "a communications radio"],
    73: [images.gps_module, None, "A GPS Module", "a GPS module"],
    74: [images.positioning_system, None, "Part of a positioning system. \
  Needs a GPS module.", "a positioning interface"],
    75: [images.positioning_system, None,
            "A working positioning system", "a positioning computer"],
    76: [images.scissors, None, "Scissors. They're too blunt to cut \
  anything. Can you sharpen them?", "blunt scissors"],
    77: [images.scissors, None,
            "Razor-sharp scissors. Careful!", "sharpened scissors"],
    78: [images.credit, None,
            "A small coin for the station's vending systems",
            "a station credit"],
    79: [images.access_card, None,
            "This access card belongs to " + PLAYER_NAME, "an access card"],
    80: [images.access_card, None,
            "This access card belongs to " + FRIEND1_NAME, "an access card"],
    81: [images.access_card, None,
            "This access card belongs to " + FRIEND2_NAME, "an access card"]
        }

❹ items_player_may_carry = list(range(53, 82))
    # 以下数字分别表示地面、压力垫、土壤和有毒地面
❺ items_player_may_stand_on = items_player_may_carry + [0, 39, 2, 48]

##############
## MAKE MAP  ##
##############
--snip--
```

代码段 listing 5-8　完善 *Escape* 游戏的对象数据

程序中对象物品的某些列表会占据多行 ❶。这没有关系，因为 Python 知道列表是不完整的，直到看到方括号为止。要让字符串（或任何其他代码段）占据多行，你可以在行末使用 "\" ❷。

代码段 listing 5-8.py 中的换行输入只是为了让代码更适合书面显示。在屏幕上，如果需要，代码可以一直往右写。

对象物品 27 是一张显示 Poodle 着陆器地点的地图。它的详细描述中包括了你在代码段 listing 5-5 中为 Poodle 着陆器设置的位置变量。函数 str( ) 用于将这些变量中的数字转换为字符串，以便可以将它们与其他字符串组合构成详细描述 ❸。

我们还设置了游戏中需要的一些其他列表：items_player_may_carry 存储了玩家可以拾取的对象的编号 ❹，它们是对象 53 ~ 81。因为它们是连在一起的，所以可以使用 range 来设置列表 items_player_may_carry。range 是一个数字序列，会从给定的第一个参数数字开始，一直执行到第二个参数数字的前一个数字为止（我们在第 3 章中使用过 ranges）。我们使用 list(range(53 to 82)) 将 range 转换为列表，该列表包含了 53 ~ 81 的所有数字。

如果你要让玩家可以携带更多的对象物品，则可以将其添加到此列表的末尾。例如，要添加编号为 89 和 93 的新对象物品，则可以使用 items_player_may_carry =

list(range(53, 82)) + [89, 93]。你还可以将新对象物品添加到对象列表的末尾，而扩展
items_player_may_carry 的范围只需要使用 range。

另一个新列表是 items_player_may_stand_on，它指定了哪些物品可以让玩
家站在上面❺。玩家只能站在不同类型的地面以及能够捡起的小的物品上。我
们将不同地面类型的对象编号添加到列表 items_player_may_carry 中来创建此
列表。

在输入代码段 listing 5-8 后，就完成了 *Escape* 游戏的 OBJECTS 部分！不过我们
还没有将物品放入游戏地图中，这个工作将在第 6 章进行。

---

### 练习任务#4

试试刚添加到游戏中的一些新对象物品。通过修改代码，你可以进行例如下
面的操作：

- 将高大的书架换成垃圾桶（对象 62）。
- 将植物换成一块小石头（对象 29）。
- 将右边的椅子换成一块有毒地面（对象 48）。

要了解哪个指令对应放置了哪个对象，可以使用现有代码中的坐标，也可以
在对象字典中查找对象编号（在计算机上或本章程序中）。运行你的程序以确保
代码正常。

---

## 5.3 你掌握了么

确认以下内容，以检查你是不是已经了解了本章的关键内容。

❑ 要从字典中获取信息，应使用该信息的键。键可以是单词或数字，也可以存
储在变量中。

❑ 如果你使用字典中没有的键，则会出现错误。

❑ 为避免错误，请在程序使用该键之前检查该键是否在字典中。

❑ 你可以将列表放入字典中。这样，你可以使用字典的键和列表的序列号从列
表中获取指定的项。例如：planets["Earth"][1]。

❑ *Escape* 游戏使用字典 objects 来存储有关游戏中所有对象物品的信息。字典
中的每个项都是一个列表。

❑ 你可以使用该列表的序列号来访问对象物品的图像文件、阴影图像文件以及
简短说明和详细描述。

## 任务汇报

这是本章中练习任务的答案。

### 练习任务 #1

确保在 Neptune(海王星)条目之后添加逗号,并将引号和冒号放在 Pluto(冥王星)条目中的正确位置。

```
planets = { "Mercury": "The smallest planet, nearest the Sun",
            "Venus": "Venus takes 243 days to rotate",
            "Earth": "The only planet known to have native life",
            --snip--
            "Neptune": "An ice giant and farthest from the Sun",
            "Pluto": "The largest dwarf planet in the Solar System"
            }
```

### 练习任务 #2

通过添加以彩色显示的行来修改代码。

```
while True:
    query = input("Which planet would you like information on? ")
    if query in planets.keys():
        print(planets[query][0])
        print("Does it have rings? ", planets[query][1])
        print("How many moons? ", planets[query][2])
    else:
        print("No data available! Sorry!")
```

### 练习任务 #3

你可以创建任何房间设计来完成此任务。以下是一个建议:

删除现有向房间添加对象物品的指令,并改成以下指令。运行程序查看更改的效果!

```
room_map[2][6] = 12
room_map[1][9] = 10
room_map[1][1] = 7
room_map[1][3] = 1
```

### 练习任务 #4

编辑程序的探索部分,如下所示:

```
room_map[2][4] = 7
room_map[2][6] = 48
room_map[1][1] = 62
room_map[1][2] = 9
room_map[1][8] = 29
room_map[1][9] = 10
```

# 第 **6** 章

# 安装空间站设备

在第 5 章中,你准备了将在任务中使用的所有设备的信息。在本章中,你要在空间站中安装某些设备,并使用"探索"查看任意一间房间或行星表面。这是你探索火星基地设计的第一次机会,其将会成为你的家。

## 6.1 了解布景数据字典

空间站上有两种不同类型的对象:

1)**布景**,是在整个 *Escape* 游戏中都位于同一位置的设备,包括家具、管道和电子设备。

2)**道具**,是在游戏中可能出现、消失或移动的物品。它们包括玩家可以创建和拾取的东西。道具还包括门,当门关闭时会出现在出口的位置上,而当门打开时就会消失。

用于布景的数据和用于道具的数据是分别存储的且组织方式不同。在本章中,我们仅添加布景数据。

我们的程序已经知道了用于游戏的所有对象的图像和说明,它们就在第 5 章中创建的对象字典中。现在,我们要告诉程序将布景对象放置在空间站中的位置。为此,我们将创建一个名为 scenery(布景)的新字典。以下是我们为一个房间创建条目的方式:

房间号: [ [ 对象编号 , y , x ] , [ 对象编号 , y , x ] ]

字典的键是房间号。对于每个房间号,字典都会存储一个列表,列表的开头和结尾均带有方括号。该列表中的每个项目都是另一个列表，它告诉程序在房间中的哪个位置放置一个对象。在这里，我将一个对象设为红色，将另一个对象设为绿色，以便你可以看到它们的开始和结束位置。

每个对象都需要三部分信息：

1）**对象编号**：这与对象字典中用作键的数字相同。例如，数字 5 代表桌子。

2）**对象的 y 坐标位置**：这是对象在房间中的位置，从后到前。后面的墙体通常在第 0 行，因此我们通常从 1 开始放置对象。数据的最大值是房间高度减去 2：其中我们减去 1 是因为地图位置从 0 开始，再减去 1 是因为前面的墙体要占用一行的空间。实际上，最好在房间的前面留出更多的空间，因为前面的墙体会遮盖住其他物品。你可以在第 4 章中添加的 GAME_MAP 代码中查看房间的大小。

3）**对象的 x 坐标位置**：这是对象在横向上距离房间左侧的位置。同样，墙壁通常位于位置 0，数据的最大值通常是房间宽度减去 2。

为了更好地理解这些数字，让我们看一下图 6-1，该图以屏幕截图和地图的形式显示了空间站上的一个房间。在图中，sink（水槽，S）位于第二行，因此其 y 坐标位置为 1。请记住，第一行墙体的位置 y = 0。水槽的 x 坐标位置为 3。左侧还有另外两块砖的空间，左侧墙体的位置 x = 0。

图 6-1　在游戏中看到的示例空间站房间（左）和示例空间站房间的地图表示形式（右）。T = toilet（马桶），S = sink（水槽），P = player（玩家）

让我们看看这个房间的数据。暂时不用输入下面的代码，之后我会给你所有的布景数据。

```
scenery = {
--snip--
30: [[34,1,1], [35,1,3]],
--snip--
}
```

此代码告诉了程序 30 号房间中的对象。30 号房间在位置 y = 1 和 x = 1 的左上角有一个编号 34（toilet，马桶）的对象，在位置 y = 1 和 x = 3 的位置有一个编号 35（sink，水槽）的对象，非常接近马桶。

你可以多次在房间中添加相同的对象，只要使用相同的对象编号为这个位置添加一个列表即可。例如，如果你愿意的话，可以在房间的不同位置装满马桶，不过这样做是一件很奇怪的事情。

你不需要在布景数据中包括墙体，因为该程序在创建列表 room_map 时会自动将其添加到房间中，就像你看到的那样。

虽然将每一项的信息都放入列表意味着要添加更多的方括号，但这样能够一目了然地了解数据。方括号可帮助你查看房间中有多少物品，并分辨出哪些数字是物品编号以及哪些是位置编号。

## 6.2 添加布景数据

打开 listing5-8.py，这是第 5 章最后的代码。此代码包含了游戏地图和对象数据。现在，我们来添加布景数据。

代码段 listing 6-1 展示了布景数据。在 MAKE MAP 部分之前添加新的"布景"内容。确保方括号和逗号的位置正确。请记住，每个布景都需要一个由三个数字组成的列表，并且每个列表也都用逗号分隔。如果你不想输入所有数据，可以使用 listings 文件夹中的 data-chapter6.py 文件。它包含了布景字典，你可以将其复制并粘贴到程序中。

listing 6-1.py

```
--snip--

items_player_may_stand_on = items_player_may_carry + [0, 39, 2, 48]


###############
##  SCENERY  ##
###############

# 布景是不能在房间中移动的对象
# 房间号:[[对象编号,y坐标位置,x坐标位置]...]
scenery = {
    26: [[39,8,2]],
    27: [[33,5,5], [33,1,1], [33,1,8], [47,5,2],
        [47,3,10], [47,9,8], [42,1,6]],
    28: [[27,0,3], [41,4,3], [41,4,7]],
    29: [[7,2,6], [6,2,8], [12,1,13], [44,0,1],
        [36,4,10], [10,1,1], [19,4,2], [17,4,4]],
    30: [[34,1,1], [35,1,3]],
    31: [[11,1,1], [19,1,8], [46,1,3]],
    32: [[48,2,2], [48,2,3], [48,2,4], [48,3,2], [48,3,3],
        [48,3,4], [48,4,2], [48,4,3], [48,4,4]],
    33: [[13,1,1], [13,1,3], [13,1,8], [13,1,10], [48,2,1],
        [48,2,7], [48,3,6], [48,3,3]],
    34: [[37,2,2], [32,6,7], [37,10,4], [28,5,3]],
    35: [[16,2,9], [16,2,2], [16,3,3], [16,3,8], [16,8,9], [16,8,2], [16,1,8],
        [16,1,3], [12,8,6], [12,9,4], [12,9,8],
        [15,4,6], [12,7,1], [12,7,11]],
    36: [[4,3,1], [9,1,7], [8,1,8], [8,1,9],
        [5,5,4], [6,5,7], [10,1,1], [12,1,2]],
    37: [[48,3,1], [48,3,2], [48,7,1], [48,5,2], [48,5,3],
        [48,7,2], [48,9,2], [48,9,3], [48,11,1], [48,11,2]],
    38: [[43,0,2], [6,2,2], [6,3,5], [6,4,7], [6,2,9], [45,1,10]],
    39: [[38,1,1], [7,3,4], [7,6,4], [5,3,6], [5,6,6],
        [6,3,9], [6,6,9], [45,1,11], [12,1,8], [12,1,4]],
```

```
40: [[41,5,3], [41,5,7], [41,9,3], [41,9,7],
    [13,1,1], [13,1,3], [42,1,12]],
41: [[4,3,1], [10,3,5], [4,5,1], [10,5,5], [4,7,1],
    [10,7,5], [12,1,1], [12,1,5]],
44: [[46,4,3], [46,4,5], [18,1,1], [19,1,3],
    [19,1,5], [52,4,7], [14,1,8]],
45: [[48,2,1], [48,2,2], [48,3,3], [48,3,4], [48,1,4], [48,1,1]],
46: [[10,1,1], [4,1,2], [8,1,7], [9,1,8], [8,1,9], [5,4,3], [7,3,2]],
47: [[9,1,1], [9,1,2], [10,1,3], [12,1,7], [5,4,4], [6,4,7], [4,1,8]],
48: [[17,4,1], [17,4,2], [17,4,3], [17,4,4], [17,4,5], [17,4,6], [17,4,7],
    [17,8,1], [17,8,2], [17,8,3], [17,8,4],
    [17,8,5], [17,8,6], [17,8,7], [14,1,1]],
49: [[14,2,2], [14,2,4], [7,5,1], [5,5,3], [48,3,3], [48,3,4]],
50: [[45,4,8], [11,1,1], [13,1,8], [33,2,1], [46,4,6]]
    }

checksum = 0
check_counter = 0
for key, room_scenery_list in scenery.items():
    for scenery_item_list in room_scenery_list:
❶       checksum += (scenery_item_list[0] * key
                    + scenery_item_list[1] * (key + 1)
                    + scenery_item_list[2] * (key + 2))
        check_counter += 1
print(check_counter, "scenery items")
❷ assert check_counter == 161, "Expected 161 scenery items"
❸ assert checksum == 200095, "Error in scenery data"
print("Scenery checksum: " + str(checksum))

###############
## MAKE MAP  ##
###############
--snip--
```

代码段 listing 6-1　添加布景数据

　　将你的代码另存为 listing6-1.py，然后在命令行中输入 pgzrun listing6-1.py 来运行它。我们添加了一些数据，不过没有告诉程序要对其进行什么样的操作，因此你不会看到任何变化。但是，如果你输入数据有误，程序将停止并在布景数据中显示错误消息。如果发生这种情况，请返回程序并根据书中的内容仔细检查你的代码。首先检查你输入的校验和是否正确！❸

　　代码段的后半部分是一种安全措施，称为校验和。它会计算相关数据，然后与正确答案进行对比，来检查所有数据是否正确。如果你输入的数据有误，则这段代码将停止程序，直到你修复了问题。这将阻止你的游戏运行时包含错误（有些错误可能发现不了，不过这段代码能够发现大多数的错误）。

　　该程序使用 assert 指令检查数据。第一条指令检查程序数据项的数量是否正确。如果不正确，则程序将停止并显示错误信息❷。该程序还会检查校验和（计算的结果）是否是期望的数字，如果不是，则停止程序❸。请注意，代码段 listing 6-1 中的一条指令跨越了三行❶：Python 知道要看到最后的圆括号，才算完成这条指令。

## 6.3　在行星表面添加围栏

你可能已经注意到了，我们没有给 1 ~ 25 号房间添加任何布景。我们的数据是从 26 号房间开始的。你应该还记得，前 25 个地点是在行星表面。为了简化处理，尽管它们没有墙，我们仍将它们称为房间。

图 6-2 显示了房间 1 ~ 25 的地图。这些房间的外部围着围栏，如图 6-2 中的虚线所示。添加围栏是为了阻止玩家不小心走出游戏地图。

我们需要在以下位置添加围栏：

1）1、6、11、16 和 21 号房间的左侧。

2）1、2、3、4 和 5 号房间的顶部。

3）5、10、15、20、25 号房间的右侧。

每个外部房间也有一个行星表面的布景，它是从一小部分合适的布景中随机选择的，包括岩石、灌木和陨石坑。对于游戏而言，这些布景的位置无关紧要，因此它们可以随机放置。

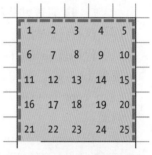

图 6-2　在行星表面周围添加围栏

代码段 listing 6-2 显示了随机生成行星表面布景并添加围栏的代码。将代码添加到刚创建的 SCENERY 部分的末尾，然后将程序另存为 listing6-2.py。你可以使用 pgzrun listing6-2.py 来检查程序是否有错。

listing 6-2.py

```
--snip--
print("Scenery checksum: " + str(checksum))

for room in range(1, 26): # 在行星表面随机添加布景
❶    if room != 13: # 跳过 13 号房间
❷        scenery_item = random.choice([16, 28, 29, 30])
❸        scenery[room] = [[scenery_item, random.randint(2, 10),
                            random.randint(2, 10)]]

# 使用循环将围栏添加到行星表面
❹ for room_coordinate in range(0, 13):
❺    for room_number in [1, 2, 3, 4, 5]: # 添加顶部围栏
❻        scenery[room_number] += [[31, 0, room_coordinate]]
❼    for room_number in [1, 6, 11, 16, 21]: # 添加左侧围栏
❽        scenery[room_number] += [[31, room_coordinate, 0]]
     for room_number in [5, 10, 15, 20, 25]: # 添加右侧围栏
❾        scenery[room_number] += [[31, room_coordinate, 12]]
```

```
❿ del scenery[21][-1]  # 删除 21 号房间中的最后一个围栏
  del scenery[25][-1]  # 删除 25 号房间中的最后一个围栏

  ###############
  ## MAKE MAP  ##
  ###############

  --snip--
```

代码段 listing 6-2　随机生成行星表面布景

你无须理解此代码就可以构建和试玩 *Escape* 游戏，不过如果你想要更深入地了解程序是如何运行的，那么我将会对这段代码做一个详细的解释。

代码段 listing 6-2 的第一部分添加了一些随机的布景。针对每个房间，random.choice( ) ❷ 会随机地选择一个布景。与 random.randint( ) 会给我们一个随机数一样（如同掷骰子），random.choice( ) 会给我们一个随机项（如同抽签或抓阄）。这里是从列表 [16, 28, 29, 30] 中选择一项。这些编号分别表示灌木、大石头、小石头和陨石坑。

我们还为房间的布景字典添加了一个新条目 ❸。该条目包含了随机布景编号以及该布景的随机位置。y 和 x 的坐标位置是在房间中不太靠近边缘的地方。

! = ❶ 的意思是不等于，因此 13 号房间中是没有添加布景的。这是为什么呢？也许在执行任务时，一个没有布景的行星表面会有特殊的作用……

代码段 listing 6-2 的第二部分中，我们添加了围栏。所有行星表面的地点都是高度为 13，宽度为 13，因此可以采用一个循环 ❹ 添加顶部和侧面的围栏。循环变量 room_coordinate 的范围是 0 ~ 12，每次循环时，围栏都会放置在相应房间的顶部和侧面。

在 room_coordinate 循环内，有三个 room_number 循环。第一个 room_number 循环 ❺ 是沿顶部房间的顶部添加围栏。这次我们没有使用 range( )，而是遍历了一个列表。遍历列表时，变量 room_number 会依次从列表 [1, 2, 3, 4, 5] 中获取数字。我们使用 + = ❻ 将一个布景添加到房间的布景列表中。布景编号是 31（围栏），位置在房间的顶部（y = 0）。x 的值使用变量 room_coordinate。这会在 1 ~ 5 号房间的顶部放置围栏。

room_coordinate 循环内还有另外两个 room_number 循环。第一个是将左侧围栏添加到 1、6、11、16 和 21 号房间 ❼。这次，程序将变量 room_coordinate 用于 y 坐标位置，而 x 坐标的值为 0 ❽。这会在房间左侧放置围栏。第二个循环是将右侧围栏添加到 5、10、15、20 和 25 号房间。这里也使用 room_coordinate 作为围栏的 y 坐标位置，但 x 坐标的值为 12，这将会在房间右侧放置围栏 ❾。

行星表面和空间站衔接的位置是不需要围栏的。图 6-3 显示了 21 号房间的地图。房间的左下角应该是墙，所以这里没有围栏。但是，我们使用的循环在此处添加了一个围栏，因此要使用一条指令 ❿ 删除已添加到该房间以及 25 号房间的最后一个布景，25 号房间在另一侧的位置（见图 6-2）。添加这两个围栏再将它们删除要比直接编写避免放置这些围栏的代码容易。序列号 –1 是引用列表中最后一项的便捷方式。

使用随机函数来放置布景和循环来放置围栏，使我们在这么大的区域中不必自己输入 200 多个围栏和布景的数据。

图 6-3　行星表面和空间站衔接位置的围栏

---

**提　　示**

如果你要自定义游戏，并且不想在 1～25 号房间添加随机的布景或围栏，那么可以删除代码段 listing 6-2 中的代码。

---

## 6.4　将布景加载到每个房间

现在，我们已经在程序中添加了布景数据，接着让我们再添加一些代码，以便我们可以在空间站中看到布景！你可能还记得，函数 generate_map( ) 会为你当前正在探索的房间创建列表 room_map。列表 room_map 用于确定和显示房间。

到目前为止，函数 generate_map( ) 只是计算房间的大小和门所在的位置，同时放置地面和墙体。我们需要添加一些代码将布景从新的字典中提取出来并添加到 room_map 中。不过首先要对该程序进行一次较小但重要的调整。在程序开始的 VARIABLES 部分，添加代码段 listing 6-3 中的新内容。将程序另存为 listing6-3.py。

listing 6-3.py

```
--snip--

###############
## VARIABLES ##
###############

--snip--

LANDER_SECTOR = random.randint(1, 24)
LANDER_X = random.randint(2, 11)
```

```
LANDER_Y = random.randint(2, 11)

TILE_SIZE = 30

###############
##    MAP    ##
###############

--snip--
```

代码段 listing 6-3    设置变量 TILE_SIZE

　　该行创建一个变量来存储一块砖的大小。利用这个变量会使程序更易于阅读，因为我们用更有意义的短语代替了数字 30。之前看到代码中 30 的时候，我们需要记住它的含义，而现在会看到短语 TILE SIZE（一块砖的大小），它会提示我们代码的作用。

　　接下来，找到程序的 MAKE MAP 部分：在 EXPLORER 部分之前。将代码段 listing 6-4 添加到 MAKE MAP 部分的末尾，这样布景就会放置在当前房间中。代码段 listing 6-4 中的所有代码都属于函数 generate_map( )，因此我们需要将第一行缩进四个空格，然后再缩进其他行，如下所示。将程序另存为 listing6-4.py。

listing 6-4.py

```
--snip--

def generate_map():
--snip--

❶    if current_room in scenery:
❷        for this_scenery in scenery[current_room]:
❸            scenery_number = this_scenery[0]
❹            scenery_y = this_scenery[1]
❺            scenery_x = this_scenery[2]
❻            room_map[scenery_y][scenery_x] = scenery_number

❼            image_here = objects[scenery_number][0]
❽            image_width = image_here.get_width()

❾            image_width_in_tiles = int(image_width / TILE_SIZE)

❿            for tile_number in range(1, image_width_in_tiles):
                 room_map[scenery_y][scenery_x + tile_number] = 255

###############
## EXPLORER  ##
###############

--snip--
```

代码段 listing 6-4    为 generate_map( ) 添加代码，用于将当前房间的布景添加到列表 room_map 中

　　让我们来分析一下。❶ 行会检查当前房间的条目是否存在于布景字典中。这项检查至关重要，因为我们游戏中的某些房间可能没有任何布景，而且如果我们使用不存在的字典键，Python 会因错误而停止。

然后，我们会设置一个循环 ❷，循环会遍历房间的布景并将其复制到名为 this_scenery 的列表中。循环第一次，this_scenery 包含第一个布景的列表。第二次，包含第二个布景的列表，依此类推，直到包含当前房间的最后一个布景为止。

每个布景的列表都包含了其对象编号，y 坐标位置和 x 坐标位置。程序使用序列号从 this_scenery 中提取这些详细信息，并将其放入名为 scenery_number ❸，scenery_y ❹ 和 scenery_x ❺ 的变量中。

现在，程序有了将布景添加到 room_map 所需的所有信息。你可能还记得 room_map 在房间的每个位置存储了物品的对象号。它使用房间中的 y 坐标位置和 x 坐标位置作为列表序列号。该程序使用 scenery_y 和 scenery_x 值作为列表序列号，将 scenery_number 项放入 room_map 中 ❻。

如果所有的对象都是一块砖宽，那么以上就是我们要做的所有事情。但实际上有些对象要宽一些，它们会覆盖多块砖。例如，在一块砖上放一个宽的对象可能会覆盖住其右侧的两块砖，但此刻，程序仅知道它占用了第一块砖。

我们需要在 room_map 的其他地方添加一些内容，以便让程序知道玩家无法移动到这些地方。我使用数字 255 表示一个空间，即其中没有对象，但也无法在上面移动。

为什么选择 255？因为这个数字足够大，这样就有充足的编号留给更多的对象，如果你愿意的话，可以在对象字典中添加 254 个物品。另外，这对我来说好像是个不错的数字：这是用一个字节可表示的最大的数（当我于 20 世纪 80 年代开始编写游戏时，这很重要，当时的计算机只有大约 65000B 的内存来存储所有的数据、图形和程序代码）。

首先，我们需要知道图像的宽度，这样就能算出来图片要占用多少块砖了。使用 scenery_number 作为字典键，从 objects 字典中获取有关对象的信息 ❼。我们知道字典 objects 会返回信息的列表，其中的第一项就是图像。因此，我们使用序列号 0 提取图像并将其放入变量 image_here 当中。

然后，我们使用 Pygame Zero 来得到图像的宽度，只需要在图像名称后添加 get_width( ) 即可 ❽。将宽度的数字存入名为 image_width 的变量中。因为我们需要知道图像覆盖了多少块砖，所以程序会将图像宽度（以像素为单位）除以砖的大小（30），再换成整数 ❾。我们必须将数字转换为整数，因为之后使用的函数 range( ) 只接受整数 ❿。如果不转换数字，那么宽度将会是浮点数，即带小数点的数字。

最后，我们编写了一个循环将布景右侧占用的位置都设为 255，无论布景覆盖了什么位置 ❿。

如果图像的像素宽度为 90，除以砖的大小（30），得到的结果 3 将存储在 image_width_in_tiles 中。然后，使用函数 range( ) 后循环会执行 2 次，因为它的范围是 1 ～ image_width_in_tiles ❿。我们将循环的数字加到对象的 x 坐标位置上，在 room_map 中对应的位置标为 255。现在，这个覆盖了三块砖的大图像，其右侧的两块砖都标的是 255。

现在，我们的程序包含了所有的布景，可以将其添加到 room_map 中，以供显示。接下来，我们将对 EXPLORER 部分进行一些小的修改，以便可以浏览整个空间站。

## 6.5 更新 EXPLORER 浏览空间站

该程序的 EXPLORER 部分使你可以查看空间站上所有的房间，并且使用方向键能够在地图上移动。下面更新一下这个部分的程序，以便可以看到所有的布景。

如果你的探索代码中包含了向 room_map 添加布景的内容，那么需要立即注释掉它们。虽然这是试验房间设计的好方法，但这种情况下每个房间的布景都是一样的，而且这些布景可能会遮挡住房间本身的设计。因为这些内容可能包含了你对房间设计的想法，所以相对于删除它们，你最好是将它们注释掉，这样 Python 就不会执行它们了。单击并拖动鼠标左键选中所有这些内容，然后选择 **Format**（格式）→**Comment Out Region**（注释）（或使用键盘快捷键 Alt+3 键）。这样这些内容的前面就都会增加一个注释符号，见代码段 listing 6-5：

listing 6-5.py

```
--snip--

###############
## EXPLORER  ##
###############

def draw():
    global room_height, room_width, room_map
    print(current_room)
    generate_map()
    screen.clear()
##    room_map[2][4] = 7
##    room_map[2][6] = 6
##    room_map[1][1] = 8
##    room_map[1][2] = 9
##    room_map[1][8] = 12
##    room_map[1][9] = 10
--snip--
```

代码段 listing 6-5　在 EXPLORER 部分注释掉代码

现在，我们需要对显示房间的代码进行一点更改，以便程序不会尝试为标记为 255 的地面绘制图像。这个区域将被其左侧的图像覆盖，我们的字典 objects 中没有 255 的条目。

代码段 listing 6-6 显示了需要在 EXPLORER 部分添加的新代码。if 语句确保了只有当对象编号不等于（!=）255 时才运行绘制对象的指令。

之后的内容需要缩进四个空格。缩进告诉 Python 这些指令属于 if 指令。你可以在后两行的开头输入四个空格，也可以选中它们并单击 **Format**（格式）→**Indent Region**（缩进）。

现在，你可以游览基地了。将程序另存为 listing6-6.py，然后输入 pgzrun listing6-6.py 来运行它。使用方向键在地图上移动并熟悉空间站的布局。和之前一样，即使玩游戏时墙会挡住你的路，探索程序也会允许你在地图的任何方向上移动。

所有的布景都应该放在房间里。宽一些对象的显示也应该是正常的。而且由于代码段 listing 6-5 中所做的更改，你应该能够再次查看所有房间。一些对象下面仍然会有一个黑色方块，这是因为下面没有地面，这个我们将在第 8 章中进行修复。

listing 6-6.py

```
--snip--

###############
## EXPLORER  ##
###############

--snip--

    for y in range(room_height):
        for x in range(room_width):
            if room_map[y][x] != 255:
                image_to_draw = objects[room_map[y][x]][0]
                screen.blit(image_to_draw,
                    (top_left_x + (x*30),
                    top_left_y + (y*30) - image_to_draw.get_height()))

--snip--
```

代码段 listing 6-6　更新程序使其不会尝试显示 255

现在我们已经完成了空间站的地图和布景，是时候进入空间站了。在下一章中，你将被传送到空间站，最后踏上火星土地。

---

**练习任务#1**

你能将自己设计的房间添加到布景数据吗？ 43 号房间是空着的，你可以试试。它的大小为 9×9，因此每个方向上能够放置对象的位置为 1~7（记住还有墙壁！）。你的设计可以基于在第 5 章探索程序中创建的房间，也可以重新设计。请记住，你需要关闭 assert 指令，以避免布景的编号总和与校验和不一致。

程序的字典 objects（见第 5 章）告诉了你每个对象的编号。使用 1~47 之间的对象编号以确保现在不会出现任何问题，而这些问题可能会影响之后完成和测试 Escape 游戏的代码。

如果遇到困难，请试试我的示例代码，该示例在随后的任务汇报中。将 VARIABLES 部分的 current_room 的值更改为 43，以便你在首次运行程序时可以直接看到重新设计的房间。练习任务完成后，记住将 current_room 的值改回 31。

---

## 6.6　你掌握了么

确认以下内容，以检查你是不是已经了解了本章的关键内容。

❑　在 Escape 游戏中无法移动的物品称为布景。

❑　布景字典使用房间号作为字典的键，每个房间对应布景项目的列表。

❑　每个布景项目都以列表形式存储，其中包含对象编号、y 坐标位置和 x 坐标位置。

❑　校验和能够检查数据是否被更改或输入不正确。

❑　可以用循环将项目添加到布景字典中。有些布景可以随机放置。

❑ 函数 generate_map( ) 能够从布景字典中获取当前房间中的布景,并将其放入列表 room_map 中。之后这些布景将显示在房间中。

❑ room_map 中的数字 255 表示这个位置没有物品,但这个位置被一个较宽的物品占了。

## 任务汇报

这是本章中练习任务的答案。

### 练习任务 #1

如果在 43 号房间中使用我的设计,那就将下面的内容添加到布景字典中,结果如图 6-4 所示。

```
--snip--
    41: [[4,3,1], [10,3,5], [4,5,1], [10,5,5], [4,7,1],
         [10,7,5], [12,1,1], [12,1,5]],
    43: [[18,1,1], [18,1,4], [14,1,6], [52,4,5], [52,4,2]],
    44: [[46,4,3], [46,4,5], [18,1,1], [19,1,3],
         [19,1,5], [52,4,7], [14,1,8]],
--snip--
```

要避免校验和终止程序,你还需要在程序的 SCENERY 部分注释掉两个 assert 指令:

```
--snip--
print(check_counter, "scenery data items")
##assert check_counter == 161, "Expected 161 scenery items"
##assert checksum == 200095, "Error in scenery data"
print("Scenery checksum: " + str(checksum))
--snip--
```

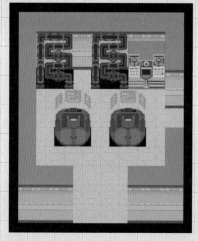

图 6-4 我对 43 号房间的设计

# 第**7**章

# 进入空间站

现在我们已经为空间站配备了布景、生命保障系统和其他设备，是时候进入空间站了。在本章中，你将第一次在空间站中看到自己，并且可以到处走走以探索房间。开始的时候，你可能会觉得不太适应，但很快你就会把空间站转个遍。

你将学习如何为航天员设置动画并使用键盘控制航天员移动。你还要增加代码，以使航天员能够在各个房间之间移动。火星上有生命吗？现在有了。

## 7.1 抵达空间站

本章中，我们将以第 6 章中的代码段 listing 6-6 作为起点，因此请打开 listing6-6.py。我们将添加代码，以在空间站中显示穿着航天服的航天员。最终，你将能够使用方向键四处移动。

### 1. 在 EXPLORER 部分中禁用房间浏览功能

目前为止，我们一直在使用 EXPLORER 部分的方向键在地图上探索来显示不同的房间。现在我们准备使用这些键在空间站中移动航天员。首先，我们需要禁用现有的代码。向下滚动到程序的 EXPLORER 部分，并选中代码段 listing 7-1 中所示的内容。单击 **Format**（格式）→**Comment Out Region**（注释）以将这些内容转换为注释，这样程序就会忽略这部分内容（你也可以只删除你想删的）。将程序另存为 listing7-1.py。

现在，我们来添加使用方向键控制航天员移动的代码。

listing 7-1.py

```
--snip--
##def movement():
##    global current_room
##    old_room = current_room
##
##    if keyboard.left:
##        current_room -= 1
##    if keyboard.right:
##        current_room += 1
##    if keyboard.up:
##        current_room -= MAP_WIDTH
##    if keyboard.down:
##        current_room += MAP_WIDTH
##
##    if current_room > 50:
##        current_room = 50
##    if current_room < 1:
##        current_room = 1
##
##    if current_room != old_room:
##        print("Entering room:" + str(current_room))
##
##clock.schedule_interval(movement, 0.08)
--snip--
```

代码段 listing 7-1　禁用 EXPLORER 部分中的键盘控制

## 2. 添加新变量

首先要设置一些变量。其中最重要的就是你进入游戏的起始坐标。与以前一样，我们在程序开始的位置将变量添加到 VARIABLES 部分。添加代码段 listing 7-2 中新的内容，将程序另存为 listing7-2.py。

listing 7-2.py

```
--snip--
TILE_SIZE = 30

❶ player_y, player_x = 2, 5
❷ game_over = False

❸ PLAYER = {
    "left": [images.spacesuit_left, images.spacesuit_left_1,
            images.spacesuit_left_2, images.spacesuit_left_3,
            images.spacesuit_left_4
            ],
    "right": [images.spacesuit_right, images.spacesuit_right_1,
             images.spacesuit_right_2, images.spacesuit_right_3,
             images.spacesuit_right_4
             ],
    "up": [images.spacesuit_back, images.spacesuit_back_1,
          images.spacesuit_back_2, images.spacesuit_back_3,
          images.spacesuit_back_4
          ],
    "down": [images.spacesuit_front, images.spacesuit_front_1,
            images.spacesuit_front_2, images.spacesuit_front_3,
            images.spacesuit_front_4
```

```
            ]
        }
❹ player_direction = "down"
❺ player_frame = 0
❻ player_image = PLAYER[player_direction][player_frame]
    player_offset_x, player_offset_y = 0, 0

    --snip--
```

代码段 listing 7-2　添加玩家变量

　　VARIABLES 部分已经包含了 current_room 的值，这是你进入游戏时开始的房间
（如果在第 6 章练习中更改了 current_room 的值，请确保已经改回 31 了）。我们新创
建了变量 player_y 和 player_x ❶，对应变量的值是你在房间中的起始位置。这里，我
们在一行中设置了两个变量。数字会按照顺序放入变量中，因此变量 player_y 的值为
2（第一个数字赋值给第一个变量），而变量 player_x 的值为 5。当你在空间站中移动
的时候，这些变量会发生变化，同时这些变量还用来确定航天员所在的位置以保证将
航天员绘制在正确的地方。这个坐标位置的单位和布景的坐标一样，也是看在房间的
第几块砖的位置。

　　我们还设置了一个变量 game_over ❷ 来告诉程序游戏是否结束。在程序开始时，
变量设置为 False。在游戏结束且变量变成 True 之前它都将保持为 False。程序会检查
此变量，以决定是否允许玩家移动。如果玩家"死"后还能继续移动，那就会显得很
诡异！

　　接下来，我们将为玩家的行走动画设置图像。动画实际上是对眼睛的一种欺骗。
我们准备好一系列类似的图片，这些图片是在一个运动中的具有微小变化的图像。然
后当在它们之间快速切换时，你的眼睛就会误以为图像在移动。在我们的游戏中，将
使用一系列航天员行走的图像，这些图片中腿部的位置有所不同。当它们快速切换
时，航天员的腿看起来就像是在移动。

---

**提　　示**

　　动画工作的关键是确保图像足够相似。如果图像差异太大，动画效果就没
有了。

---

　　动画中的每个图像都称为帧（Frame）。表 7-1 显示了我们将使用的帧。这里从 0
开始编号，这是航天员不走时的静止状态。当玩家在屏幕上向上走的时候，我们会看
到他的背影，因为他正在房间里往距离我们更远的地方移动。

　　PLAYER 字典 ❸ 存储的是动画帧。其中方向名称——up、down、left 和 right，
是字典中的键。每个字典条目都是一个列表，其中包含玩家站立的图像以及对应方向
上的 4 个动画帧（见表 7-1）。PLAYER 字典将与玩家所面对的方向 ❹ 以及动画帧的
编号 ❺ 一起使用，以在玩家行走或站立时显示正确的图像。变量 player_image ❻ 存
储的是航天员的当前图像。

表 7-1　航天员的动画帧

| 键 | 帧 0 | 帧 1 | 帧 2 | 帧 3 | 帧 4 |
|---|---|---|---|---|---|
| left（左） | | | | | |
| right（右） | | | | | |
| up（上） | | | | | |
| down（下） | | | | | |

> ## 提　示
>
> 本书后面的附录 B 描述了 *Esca*pe 游戏程序中的重要变量，因此，如果你不记得某个特定变量的作用，可以参见附录 B。

## 3. 传送到空间站

准备好传送了吗！在起始坐标的位置，让我们添加代码以使你出现在空间站中。

代码段 listing 7-3 显示了需要添加到程序 EXPLORER 部分中的内容。和以前一样，你只需要添加新的代码，不要更改其他内容，只是使用它们来查找程序代码即可。新代码的第一行❶有八个空格缩进，因为它在函数内，也在循环内。将程序另存为 listing7-3.py。

listing 7-3.py

```
--snip--
    for y in range(room_height):
        for x in range(room_width):
            if room_map[y][x] != 255:
                image_to_draw = objects[room_map[y][x]][0]
                screen.blit(image_to_draw,
                    (top_left_x + (x*30),
                     top_left_y + (y*30) - image_to_draw.get_height()))
❶      if player_y == y:
❷          image_to_draw = PLAYER[player_direction][player_frame]
❸          screen.blit(image_to_draw,
                    (top_left_x + (player_x*30)+(player_offset_x*30),
                     top_left_y + (player_y*30)+(player_offset_y*30)
                     - image_to_draw.get_height()))
--snip--
```

代码段 listing 7-3　在房间内绘制玩家

这些新的指令会将你绘制在房间中。y 循环是从后到前绘制房间。x 循环是从左到右绘制每行的布景。

绘制完每一行后，程序会检查玩家是否在该行中 ❶。这条指令应该与 for x in range(room_width)：这一行对齐，而不是缩进，因为它不在 x 循环内。x 循环完成后，它将运行一次。

如果玩家在程序刚绘制的那一行中，则下一行 ❷ 会将玩家的图片放入变量 image_to_draw 中。该图像是基于玩家的方向和动画帧的编号从 PLAYER 字典中获取的。

新内容的最后一行 ❸ 是绘制玩家，这里使用了刚刚设置的包含了图片信息的变量 image_to_draw。这条指令还使用了玩家的 x 和 y 位置变量来确定在屏幕上绘制图像的位置。第 3 章中介绍了如何计算屏幕上的位置（请参阅 3.5 节的内容）。代码段 listing 7-2 中还设置了变量 player_offset_x 和 player_offset_y，这些变量用于显示玩家移动的位置。马上我们就会介绍有关这些变量的更多信息。

准备要传送了！打起精神！做一个深呼吸。

使用 pgzrun listing7-3.py 来运行程序。如果传送成功，那么你就会出现在空间站里（见图 7-1）。如果不成功，那么就检查一下你在本章中对程序所做的修改。

目前的效果是只能传送你，但你还无法移动。随着我们将添加更多的代码，这些问题都会逐步解决的。

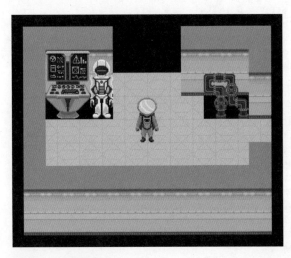

图 7-1　航天员来了

## 7.2　添加移动代码

现在，我们将添加一个全新的部分，叫作 GAME LOOP。这是程序的核心。函数 game_loop() 每秒会运行多次，以保证你能够移动。本书的后面，我们还将添加更多代码，使你能够与找到的物品进行交互。

在 MAKE MAP 和 EXPLORER 之间添加这个新的部分。代码段 listing 7-4 显示了程序的内容。将程序另存为 listing7-4.py。

listing 7-4.py     *--snip--*

```
                for tile_number in range(1, image_width_in_tiles):
                    room_map[scenery_y][scenery_x + tile_number] = 255


    ###############
    ## GAME LOOP ##
    ###############

❶   def game_loop():
❷       global player_x, player_y, current_room
        global from_player_x, from_player_y
        global player_image, player_image_shadow
        global selected_item, item_carrying, energy
        global player_offset_x, player_offset_y
        global player_frame, player_direction

❸       if game_over:
            return

❹       if player_frame > 0:
            player_frame += 1
            time.sleep(0.05)
            if player_frame == 5:
                player_frame = 0
                player_offset_x = 0
                player_offset_y = 0

❺       # 保存玩家当前位置
        old_player_x = player_x
        old_player_y = player_y

❻       # 如果按下按键则移动
        if player_frame == 0:
            if keyboard.right:
                from_player_x = player_x
                from_player_y = player_y
                player_x += 1
                player_direction = "right"
                player_frame = 1
            elif keyboard.left: # 否则阻止玩家对角线移动
                from_player_x = player_x
                from_player_y = player_y
                player_x -= 1
                player_direction = "left"
                player_frame = 1
            elif keyboard.up:
                from_player_x = player_x
                from_player_y = player_y
                player_y -= 1
                player_direction = "up"
                player_frame = 1
            elif keyboard.down:
                from_player_x = player_x
                from_player_y = player_y
                player_y += 1
                player_direction = "down"
                player_frame = 1
```

```
❼      # 如果玩家站在了他们不能站的地方，就将角色移动回来
       # 保留 2 条注释—稍后你将需要它们
       if room_map[player_y][player_x] not in items_player_may_stand_on: #\
       #             or hazard_map[player_y][player_x] != 0:
           player_x = old_player_x
           player_y = old_player_y
❽          player_frame = 0

❾      if player_direction == "right" and player_frame > 0:
           player_offset_x = -1 + (0.25 * player_frame)
       if player_direction == "left" and player_frame > 0:
           player_offset_x = 1 - (0.25 * player_frame)
       if player_direction == "up" and player_frame > 0:
           player_offset_y = 1 - (0.25 * player_frame)
       if player_direction == "down" and player_frame > 0:
           player_offset_y = -1 + (0.25 * player_frame)


   ###############
   ## EXPLORER  ##
   ###############

   --snip--
```

代码段 listing 7-4　添加玩家移动代码

在程序的最后，你还需要新添加一个名为 START 的部分，这将使函数 game_loop( ) 每 0.03s 运行一次。代码段 listing 7-5 显示了要添加的内容。该指令不缩进，因为它不属于其他函数。Python 会按照它们在程序中出现的顺序（从上到下）运行不在函数内的指令。在设置完所有变量、地图、布景和道具数据以及定义完上面的函数后，此指令才运行。将你的程序另存为 listing7-5.py。

listing 7-5.py
```
   --snip--
   ###############
   ##   START   ##
   ###############

   clock.schedule_interval(game_loop, 0.03)

   --snip--
```

代码段 listing 7-5　将函数 game_loop( ) 设置为定期运行

使用 pgzrun listing7-5.py 来运行程序。此时你应该在房间里（见图 7-1），同时能够使用方向键移动！你可能会注意到，当你在屏幕上移动时，双腿消失了。这是传送的另一个副作用，当我们第 8 章中改进绘制房间的代码时，这种效果就会消失。

目前为止，如果你走出房门，该程序将无法正常运行，并且它会阻止你穿过墙体或家具。如果你可以穿过对象，请仔细检查刚刚添加的代码。如果仍然有问题，请仔细检查程序 OBJECTS 部分末尾设置的列表 items_player_may_stand_on 的代码。

## 7.3　理解移动代码

　　如果你想玩游戏并使用自己的设计，则无须了解本章中的代码是如何工作的。可以简单地替换地图、布景和道具的图像和数据。这段移动代码以及之后添加的在各个房间中移动的代码都应该是可以正常工作的。不过，如果你想理解代码是如何工作的，以及如何在程序中添加动画，那么接下来我将会分析一下这段代码。这是游戏真正的引擎，因此从各方面来讲，本节的内容都非常精彩！

　　如果你觉得这段代码很熟悉，那是因为这类代码你已经看过了很多。在第 2 章太空行走中，你用代码通过键盘和函数 game_loop( ) 来控制玩家移动，更改玩家的位置。下面看看代码段 listing 7-4 中有什么新内容。

　　代码段 listing 7-4 中，在新增加部分的开始我们定义了一个名为 game_loop( ) 的函数 ❶。而我们在程序末尾添加的函数 clock.schedule_interval( )（参见代码段 listing 7-5）会让函数 game_loop( ) 每 0.03s 运行一次。每次函数 game_loop( ) 运行时，它都会检查你是否按下了方向键或是否正在行走，如果是，则更新你的位置。

　　在函数 game_loop( ) 开始时，我们告诉 Python 哪些变量是全局变量 ❷（为什么要这样做，请参阅 1.6 节中"3. 太空行走代码讲解"的内容）。其中一些变量尚未使用，不过稍后我们会需要它们。

　　然后我们检查变量 game_over。如果它为 True ❸，则游戏结束，函数 game_loop( ) 不会运行其他任何指令。当游戏结束后，此变量将阻止玩家移动。不过目前为止，它什么也不会做，因为此时程序中的任何内容都不会导致游戏结束。

　　函数 game_loop( ) 会检查玩家是否在行走 ❹。它需要四帧动画才能在屏幕上移动一块砖的距离。如果玩家正在移动，变量 player_frame 的值将是一个介于 1 ~ 4 之间的数字，代表正在使用哪一帧动画。如果玩家正在行走，则程序会将变量 player_frame 增加 1，以过渡到下一帧动画。这就表示 EXPLORER 部分的函数 draw( ) 将在下次运行时显示下一帧动画。

　　当变量 player_frame 达到 5 时，表示所有动画帧都已经显示过了，动画该结束了。在这种情况下，程序会将变量 player_frame 重置为 0 以结束动画。动画结束时，程序还将重置变量 player_offset_x 和 player_offset_y。马上我就会介绍这两个变量。

　　接下来，我们查看玩家是否按了按键以开始新的行走动画。在让玩家移动之前，我们会保存一下玩家当前的位置 ❺，即将 x 坐标位置存储在变量 old_player_x 中，将 y 坐标位置存储在变量 old_player_y 中。如果玩家尝试走不应该走的地方（例如进入墙体），我们将使用这些变量将其移回原位置。

　　如果按下了方向键，则该程序将使用类似的代码块来更改存储了玩家的 x 坐标位置和 y 坐标位置的变量 ❻。我们以砖来衡量玩家的位置，这与定位布景的单位相同，不过与我们在第 1 章中使用的像素单位不同。

　　当玩家按下右方向键时，程序会将 x 坐标位置加 1。如果玩家按下左方向键时，会将 x 坐标位置减 1。如果玩家按下上下方向键，则我们将使用类似的代码来更改 y 坐标位置。

　　当玩家移动时，全局变量 from_player_x 和 from_player_y 会存储玩家是从什么位置开始移动的。稍后将使用这些变量来检查玩家在行走时是否被危险物品击中。另外将变量 player_direction 设置为移动的方向，将变量 player_frame 设置为 1，即动画序列中的第 1 帧。

就像在第 1 章中一样，我们使用"elif"来组合不同的按键检查。这样可以确保玩家不能同时更改 x 和 y 坐标位置，以免角色斜向移动。在我们的 3D 房间中，斜向移动会使玩家能够穿越某些障碍，挤过不可能通过的间隙。

玩家移动后，我们要检查新位置是否允许玩家站立 ❼。为此，我们可以使用 room_map 查看新位置上的物品，并对照列表 items_player_may_stand_on 进行检查。我也在这里注释了一些代码，稍后我们需要启用这些代码以防止玩家穿到危险中环境。

我们可以使用关键字"in"来检查列表中是否包含某些内容。结合关键字"not"一起使用，我们可以查看列表中是否缺少某些内容。下面这行代码的意思是"如果玩家站立位置对应 room_map 中的数字不在项目列表中，则允许玩家站立"

```
if room_map[player_y][player_x] not in items_player_may_stand_on:
```

如果玩家站的位置编号不在列表 items_player_may_stand_on 中，则我们将其 x 和 y 坐标位置重置为移动之前的位置。

所有这些发生得非常快，以至于玩家会感觉什么也没有发生。如果他们试图走到墙里面，则看上去会是站立不动哪里也没有去！比起在移动之前判断是不是允许玩家这样操作，这是一个简单的方式使玩家不会穿过墙体。

如果玩家的位置复位的话，程序同样会将变量 player_frame 设置为 0 ❽，这会让玩家的移动动画也复位。

当你按下右方向键时，航天员会向右移动一块砖的距离。这个过程有 4 帧，所以航天员看起来是一步一步走过一块砖的距离的。变量 player_offset_x 和 player_offset_y 被用来计算要在哪里绘制航天员。计算过程在函数 game_loop( ) 的末尾 ❾。函数 draw( )（见代码段 listing 7-3）会将偏移量乘以一块砖的大小（30 个像素），因为绘制图像的单位是像素。比如，如果偏移量是 0.25 块砖，则航天员会在距离新位置中心 7 个像素的位置。计算机会取一个整数，因为你无法使用半个像素来定位物品。

我们来看图 7-2 的左半边，当航天员向左移动时，动画的第 1 帧需要绘制在距离新位置中心四分之三块砖的位置（0.75）。而第 2 帧需要绘制在距离新位置中心半块砖的位置（0.5），第 3 帧需要绘制在距离新位置中心四分之一块砖的位置（0.25）。

我们可以利用动画的帧数来计算偏移量的值，以下是向左移动的计算公式

```
player_offset_x = 1 - (0.25 * player_frame)
```

可以带入具体的输入检验计算过程，比如以下是当动画的帧数为 2 时的计算过程：

$0.25 \times 2 = 0.5$

$1 - 0.5 = 0.5$

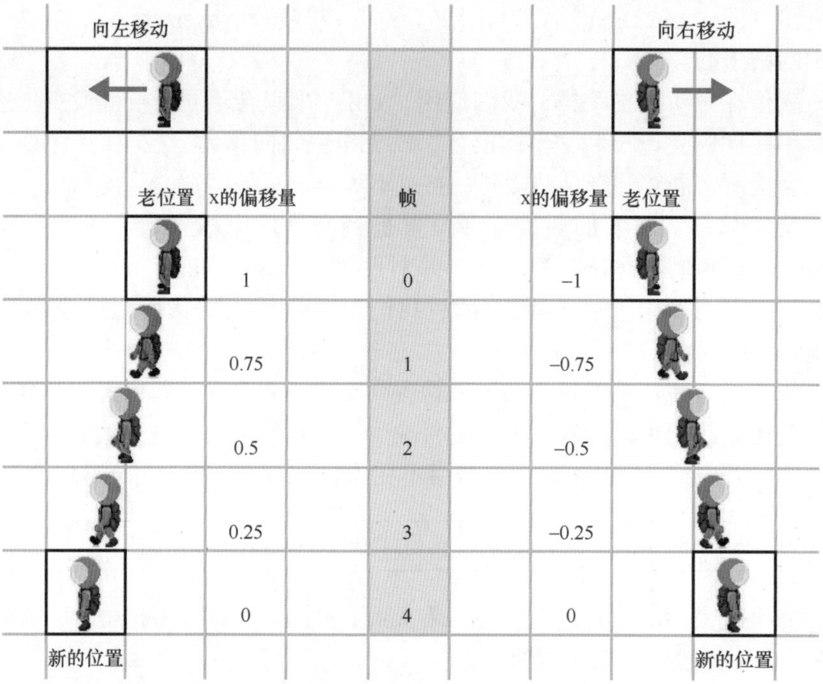

图 7-2　理解航天员移动的动画是如何实现的

| 向左移动 | | | | | | 向右移动 |
|---|---|---|---|---|---|---|
| | 老位置 | x的偏移量 | 帧 | x的偏移量 | 老位置 | |
| | | 1 | 0 | -1 | | |
| | | 0.75 | 1 | -0.75 | | |
| | | 0.5 | 2 | -0.5 | | |
| | | 0.25 | 3 | -0.25 | | |
| 新的位置 | | 0 | 4 | 0 | | 新的位置 |

在图 7-2 中，第 2 帧的偏移量就是 0.5。

当玩家向右移动时，需要从玩家的位置减去一定的距离，所以偏移量是负的。我们来看图 7-2 中的右半部分。对于第 1 帧来说，增加 -0.75 会让航天员在新位置左侧四分之三块砖的地方。

向右移动同样可以利用动画的帧数来计算偏移量的值，计算公式如下

```
player_offset_x = -1 + (0.25 * player_frame)
```

### 练习任务#1

你可以检验一下这个公式吗？利用它计算一下第 1 帧和第 3 帧的偏移量，然后和图 7-2 中的值对照一下。

y 方向的偏移计算类似。当航天员向上移动时，偏移量的计算公式和向左移动时一样。当航天员向下移动时，偏移量的计算公式和向右移动时一样。

总体来说，函数 game_loop( ) 工作流程如下：

1）如果你没有移动，当你按下按键时开始绘制行走动画。

2）如果你正在移动，它将计算出下一个动画帧以及该帧动画绘制的位置。

3）如果你到了动画的末尾帧，它将重置以便可以再次移动。移动是流畅的，因此，如果你保持按键按下，则动画会在 1 ~ 4 帧之间循环。直到停止移动后才能看到航天员站立在地面上。

## 7.4 在房间之间移动

现在，你已经可以在房间内移动了，那么接下来你需要充分探索整个空间站。让我们向函数 game_loop( ) 中添加一些代码，以便能够进入下一个房间。添加代码段 listing 7-6 中的新内容，该代码放在检查按键之后，同时放在检查玩家是否站在了他们不应该站在的地方之前。确保你在开始时包含了带有注释符号（#）的指令，稍后我们会用到它们。

代码段 listing 7-6 中的灰色的内容显示了在哪里添加新代码。将程序另存为 listing7-6.py。使用 pgzrun listing7-6.py 来运行它，然后在空间站里到处走走！在安装门并关闭某些区域之前，这是一个熟悉环境的好时机。

listing 7-6.py

```
--snip--

def game_loop():

--snip--
            player_direction = "down"
            player_frame = 1

    # 检查是否离开房间
❶    if player_x == room_width:  # 通过右侧的门
        #clock.unschedule(hazard_move)
❷        current_room += 1
❸        generate_map()
❹        player_x = 0  # 进入左侧
❺        player_y = int(room_height / 2)  # 进入房门
❻        player_frame = 0
❼        #start_room()
❽        return

❾    if player_x == -1:  # 通过左侧的门
        #clock.unschedule(hazard_move)
        current_room -= 1
        generate_map()
        player_x = room_width - 1   # 进入右侧
        player_y = int(room_height / 2)  # 进入房门
        player_frame = 0
        #start_room()
        return

❿    if player_y == room_height:  # 通过底部的门
        #clock.unschedule(hazard_move)
        current_room += MAP_WIDTH
        generate_map()
        player_y = 0  # 进入顶部
        player_x = int(room_width / 2)  # 进入房门
        player_frame = 0
        #start_room()
        return

    if player_y == -1:  # 通过顶部的门
        #clock.unschedule(hazard_move)
        current_room -= MAP_WIDTH
        generate_map()
```

```
player_y = room_height - 1 # 进入底部
player_x = int(room_width / 2) # 进入房门
player_frame = 0
#start_room()
return
```

```
    # 如果玩家站在不应该站的地方，则将它们移回原处
    if room_map[player_y][player_x] not in items_player_may_stand_on: #\
    #            or hazard_map[player_y][player_x] != 0:
        player_x = old_player_x
--snip--
```

代码段 listing 7-6　让玩家可以在房间之间移动

要理解这段代码，首先来看一张房间的示例地图。图 7-3 显示了一个高度和宽度均为 9 块砖的房间，房间的每面墙上都有出口。我们将使用此图来了解玩家离开房间时的位置。

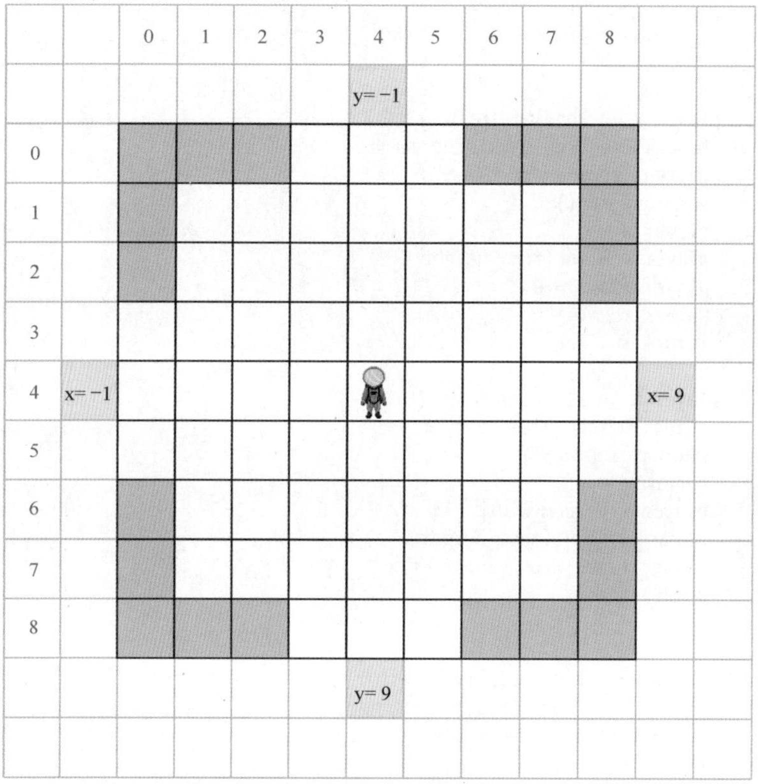

图 7-3　计算玩家是否通过出口

大家都知道，地图上的位置编号是从左上角的 0 开始的。黄色方块显示了如果玩家走出房间可能会在哪里：

1）如果玩家的 y 坐标位置为 -1，则表示他已通过顶部出口。

2）如果玩家的 x 坐标位置为 -1，则表示他已通过左侧出口。

3）如果玩家的 y 坐标位置与变量 room_height 相同，则表示他已经通过底部出

口。地图位置从 0 开始编号，因此，如果玩家在一个高度为 9 块砖的房间中进入到第 9 行，则他们已经离开了房间。

4）同样，如果玩家的 x 坐标位置与变量 room_width 相同，则表示他已经通过右侧出口。

新的代码将检查玩家的位置来表示他是否已经离开房间。如果玩家的 x 坐标位置与 room_width 相同 ❶，则表示他们位于右侧房门的外面，见图 7-3。

当玩家离开房间时，我们需要更改他所在的房间号，即存储在变量 current_room 中的数据。当他穿过右侧的房门时，房间号将增加 1 ❷。再来看看房间地图（请返回至图 4-1）来理解为什么这样做：房间号是从左向右增加的。例如，如果玩家在 33 号房间中，则穿过右边的房门，将进入 34 号房间。

然后，程序将生成一个新的列表 room_map ❸，用于显示和浏览新房间。玩家已被重新放置在房间的另一侧 ❹，这样看起来就好像玩家穿过了房门。如果玩家从房间的右侧离开，那么他将从左侧进入下一个房间 ❹。

房间有不同的大小，因此我们还需要更改玩家的 y 坐标位置以将其放置在门的中间。否则，玩家可能会出现在墙上！我们将玩家的位置设置为房间高度的一半 ❺，这意味着他就在门的中间了。当玩家进入房间时，我们还会重置玩家动画 ❻。

这里我还包含了一些稍后会使用的功能，因此请确保你输入了 clock.unschedule (hazard_move) ❶ 和 start_room( ) ❼ 指令。当玩家进入新房间时，函数 start_room( ) 将显示房间名称。我们将在之后的部分详细介绍这些指令。

最后，指令 return 会退出函数 game_loop( ) ❽。这样函数中的其他指令就不会在这次调用函数时运行。当函数再次调用时，它将照常从头开始运行。

下一段代码 ❾ 是检查玩家是否通过了左侧的门。从左侧的门出去的话，程序将执行以下操作：

1）检查变量 player_x 是否为 -1（见图 7-3）。

2）将当前房间号减 1 以进入左侧的房间。

3）将玩家的 x 坐标位置设置在右侧门口口处。这个位置是 room_width 减 1（参考图 7-3，在 room_width 为 9 的房间中，玩家的 x 坐标位置应为 8）。

4）使用 room_height 将玩家的 y 坐标位置设置在中间。这与通过右侧的门相同。

顶部和底部出口使用相同的代码结构 ❿。不过，程序会检查玩家的 y 坐标位置以查看他是否通过了出口，并将新位置设置为通过顶部或底部的房门进入。

这次，我们会将房间号增加或减少 5，而不是 1，这是因为在游戏地图中一排有 5 个房间（见图 4-1）。例如，如果你在 37 号房间，则经过顶部出口，会进入 32 号房间（37 减 5）。同样如果你在 37 号房间，则经过底部出口，会进入 42 号房间（37 加 5）。之前我们将数字 5 存储在了变量 MAP_WIDTH 中，这里程序就是使用的这个变量。

现在，你可以自由探索空间站了。在下一章中，我们将修复房间显示中剩余的几个小问题。

## 7.5　你掌握了么

确认以下内容，以检查你是不是已经了解了本章的关键内容。

❑　玩家在 *Escape* 游戏中的位置以砖为单位进行计算，就像布景一样。

❑　函数 game_loop( ) 控制玩家的移动，它是每 0.03s 运行一次。

❑　如果玩家移动到一个不允许到达的地方，那么会很快回到原来的位置，而你是看不出他移动的。

❑　程序会检查玩家的 x 和 y 坐标位置，以查看他是否已经通过了出口。如果有的话，他会出现在隔壁房间中对面房门的中间。

❑　动画帧存储在字典 PLAYER 中，每个方向都有一个图像列表。字典的键是方向名称，可以通过序列号获取所需的特定帧。

❑　第 0 帧是静止时的图片。第 1～4 帧是显示航天员移动的图片。

❑　当玩家移动时，函数 game_loop( ) 会增加使用的动画帧数。

❑　当玩家移动到新位置时，变量 player_offset_x 和 player_offset_y 用于确定他的位置。

## 任务汇报

这是本章中练习任务的答案。

### 练习任务 #1

第 1 帧：

$$0.25 \times 1 = 0.25$$
$$-1 + 0.25 = -0.75$$

第 3 帧：

$$0.25 \times 3 = 0.75$$
$$-1 + 0.75 = -0.25$$

# 第 8 章

# 修复空间站

当你在空间站周围徘徊的时候，一定已经注意到有些地方看起来不太正常。为了使程序快速启动并运行，我们使用了 EXPLORER 部分显示房间。不过，它有一些问题：

- 有些布景的下面是空的，因为那里没有地砖。
- 当你走到房间前面的时候，前面的墙体会把航天员挡住。
- 当你在屏幕上向后走的时候，航天员的腿会消失。
- 所有房间都绘制在游戏窗口的左上方。这样看起来不太平衡，因为房间右侧的空间比左侧的空间大得多，同时较宽的房间在右侧的空间要比窄的房间少。
- 没有阴影效果，因此很难了解房间内物品的位置。

在本章中我们将解决这些问题，同时会在窗口顶部添加显示消息的功能。这些消息将为玩家提供有关空间站以及在游戏中的进度的信息。

阅读本章时，你将学习如何将信息发送给 Python 函数，以及如何使用 Pygame Zero 绘制矩形。在本章结束时，你的空间站看起来一定非常漂亮！

## 8.1 发送信息给函数

首先，我们需要将信息发送给函数。你已经知道了可以在圆括号中添加内容来将信息发送给 print( ) 函数。例如，你可以这样输出消息：

```
print("Learn your emergency evacuation drill")
```

当运行该指令时，函数 print( ) 会接收圆括号中的信息，并将其显示在命令行窗口或 Python Shell 中。

我们还可以将信息发送给我们创建的函数。

### 1. 创建接收信息的函数

我们来创建一个函数试试，这个函数能将发送给它的两个数相加。单击 **File→New** 打开一个新窗口，然后输入代码段 listing 8-1 中的程序。

listing 8-1.py

```
❶ def add(first_number, second_number):
❷     total = first_number + second_number
❸     print(first_number, "+", second_number, "=", total)

❹ add(5, 7)
   add(2012, 137)
   add(1234, 4321)
```

代码段 listing 8-1　发送信息给函数

将程序另存为 listing8-1.py。因为这段程序不使用任何 Pygame Zero 功能，所以你可以单击 **Run→Run Module** 或按 F5 键来运行它（如果使用 Pygame Zero 来运行它，结果将显示在命令行窗口中，而游戏窗口为空）。

程序运行时，输出如下：

```
5 + 7 = 12
2012 + 137 = 2149
1234 + 4321 = 5555
```

我们创建一个名为 add( ) 的新函数 ❶。在定义函数 add( ) 之后，使用的时候直接使用函数名 ❹，再加上对应的圆括号以及圆括号中用逗号分隔的数字 ❹。该函数会将这两个数字相加。

### 2. 代码解析

为了使函数能够接收数字，我们在定义函数的时候给了它两个变量用来存储数字。我将它们称为 first_number 和 second_number❶，这是为了让程序更易于理解，但是变量名是可以随便定义的。这些都是局部变量：它们仅在此函数内起作用。

使用函数时，它会将收到的第 1 个数放入变量 first_number 中，而第 2 个数放入变量 second_number 中。

当然，因为两个数字相加的话，其顺序是无关紧要的，所以你发送数字的顺序也是无关紧要的。指令 add(5, 7) 和 add(7, 5) 给出的结果是相同的。但是某些函数需要你按照接收信息的顺序发送信息。例如，如果函数是做减法运算，那么数字不同的发送顺序则会造成不同的结果。而要知道函数期望接收什么信息的唯一方法是看一下其代码。

该函数的主体非常简单。它会创建一个名为 total 的新变量，该变量会存储两个数字相加的结果 ❷。然后，程序将输出一行信息，其中包含第 1 个数字、1 个加号、第 2 个数字、1 个等号以及最后相加的总和 ❸。

最后 3 个指令是我们向函数发送 3 对数字相加 ❹。

这个简单的示例向你展示了如何将信息（或参数）发送给函数。函数接收的参数可以不仅是两个，甚至还可以接收列表、字典或图像。函数让我们使用重复的代码段时更加简单，而发送参数意味着我们可以将重复的代码用于不同的信息。例如，代码段 listing 8-1 3 次使用相同的指令 print( ) 来显示 3 对不同数字的和。在这种情况下，我们避免了重复指令 print( ) 和设置变量 total 的指令。更复杂的函数可以避免很多重复性的代码，这可以使程序更易于编写和理解。

---

**练习任务#1**

尝试修改程序完成减法运算，而不是加法。对于新函数来说，更改数字的顺序会发生什么结果呢？你可能想更改更多的内容，而不仅仅是计算，以确保该函数易于使用。

---

现在，我们准备向 *Escape* 游戏代码添加一些新函数，以便在空间站上绘制对象。

# 8.2  添加阴影、墙体透明度和颜色的变量

为了修复空间站，我们将利用新介绍的函数知识为 *Escape* 游戏创建新的显示函数。在创建这些新函数之前，我们需要为函数设置新的变量。

打开你在第 7 章中最后保存的代码段 listing 7-6.py。找到程序开头附近的 VARIABLES 部分，添加代码段 listing 8-2 中新增的内容，将程序另存为 listing8-2.py。与往常一样，添加完之后最好运行一下程序（使用 pgzrun listing8-2.py 来运行程序）以检查是否有新的错误。

listing 8-2.py

```
--snip--

###############
## VARIABLES ##
###############

--snip--

player_image = PLAYER[player_direction][player_frame]
player_offset_x, player_offset_y = 0, 0

❶ PLAYER_SHADOW = {
    "left": [images.spacesuit_left_shadow, images.spacesuit_left_1_shadow,
        images.spacesuit_left_2_shadow, images.spacesuit_left_3_shadow,
        images.spacesuit_left_3_shadow
        ],
    "right": [images.spacesuit_right_shadow, images.spacesuit_right_1_shadow,
        images.spacesuit_right_2_shadow,
        images.spacesuit_right_3_shadow, images.spacesuit_right_3_shadow
        ],
    "up": [images.spacesuit_back_shadow, images.spacesuit_back_1_shadow,
        images.spacesuit_back_2_shadow, images.spacesuit_back_3_shadow,
        images.spacesuit_back_3_shadow
        ],
    "down": [images.spacesuit_front_shadow, images.spacesuit_front_1_shadow,
        images.spacesuit_front_2_shadow, images.spacesuit_front_3_shadow,
        images.spacesuit_front_3_shadow
        ]
    }
```

```
❷ player_image_shadow = PLAYER_SHADOW["down"][0]

❸ PILLARS = [
      images.pillar, images.pillar_95, images.pillar_80,
      images.pillar_60, images.pillar_50
      ]

❹ wall_transparency_frame = 0

❺ BLACK = (0, 0, 0)
  BLUE = (0, 155, 255)
  YELLOW = (255, 255, 0)
  WHITE = (255, 255, 255)
  GREEN = (0, 255, 0)
  RED = (128, 0, 0)


  ###############
  ##    MAP    ##
  ###############

--snip--
```

代码段 listing 8-2　添加新的显示函数所需的变量

我们添加了一个与字典 PLAYER 相似的字典 PLAYER_SHADOW ❶。它包含了航天员在地面上阴影的动画帧。随着航天员的移动，阴影也会改变。变量 player_image_shadow ❷ 存储了航天员当前的阴影，就像变量 player_image 存储航天员当前的动画帧（或站立的图像）一样。

在本章后面部分，我们将添加一个动画效果，当你在前面的墙体后面移动的时候，该动画会淡出前面的墙体，以便你仍然可以看到航天员。在这里，我们设置了动画帧列表 ❸ 和变量 wall_transparency_frame，以存储现在正在显示的内容 ❹。稍后，你将了解到更多的信息。

我们还设置了一些名称，可用来指代颜色 ❺。颜色在 Pygame Zero 中存储为元组。元组就像一个列表，但其内容无法更改，元组使用的是圆括号而不是方括号。你已经在屏幕绘制时看到了用于坐标的元组（参见第 1 章）。颜色存储为三个数字，这三个数字分别表示颜色中的红色、绿色和蓝色。每种颜色的值的范围为 0 ~ 255。以下这组数字表示红色：

```
(255, 0, 0)
```

这里红色为最大值（255），而绿色或蓝色都没有（0）。

因为我们已经设置了这些颜色变量，所以现在可以使用名称 BLACK 代替元组 (0, 0, 0) 来表示黑色。这样会使程序更易于阅读。

表 8-1 显示了你可能要在程序中使用的某些颜色组合。你也可以尝试使用不同的数字来定义自己的颜色。

表 8-1　RGB 颜色编号示例

| 红 | 绿 | 蓝 | 描述 |
|---|---|---|---|
| 255 | 0 | 0 | 红 |
| 0 | 255 | 0 | 绿 |
| 0 | 0 | 255 | 蓝 |
| 0 | 0 | 50 | 深蓝（接近黑色！） |
| 255 | 255 | 255 | 白（所有的颜色值都最大） |
| 255 | 255 | 150 | 乳黄色（比白色中的蓝色略少） |
| 230 | 230 | 230 | 银色（略微暗一些的白色） |
| 200 | 150 | 200 | 青色 |
| 255 | 100 | 0 | 橙色（红色值最大，稍微有一些绿色） |
| 255 | 105 | 180 | 粉色 |

## 8.3　删除 EXPLORER 部分

我们需要添加一个新的 DISPLAY（显示）部分，这个部分会包含一些函数，以改善游戏在屏幕上的显示效果。EXPLORER 部分使我们能够快速地启动并运行游戏，不过在本章中，我们将创建一个新的更好的函数 draw( )，以取代当前使用的函数。为避免 EXPLORER 代码在程序中可能会造成的影响，我们会将其删除。你的 EXPLORER 部分可能会比图 8-1 中的少，这取决于你是否在前面的章节中删除了其中的一些内容。

依照以下步骤删除整个 EXPLORER 部分：

1）在代码结尾附近找到程序的 EXPLORER 部分。

2）单击 EXPLORER 注释框的开始，按住鼠标左键，然后将鼠标拖动到该部分的底部（见图 8-1）。这一部分在 START 部分开始的上方结束。

3）按下键盘上的 Delete 键或 Backspace 键。

我们仍然需要 EXPLORER 部分中的一条指令：运行函数 generate_map( ) 能够设置第一个房间的房间地图。你需要将该指令添加到程序的末尾，见代码段 listing 8-3。

listing 8-3.py
```
--snip--
###############
##   START   ##
###############

clock.schedule_interval(game_loop, 0.03)
generate_map()
```

代码段 listing 8-3　生成第一个房间的地图

函数 generate_map( ) 将会在设置了变量之后运行，以创建当前房间的地图。

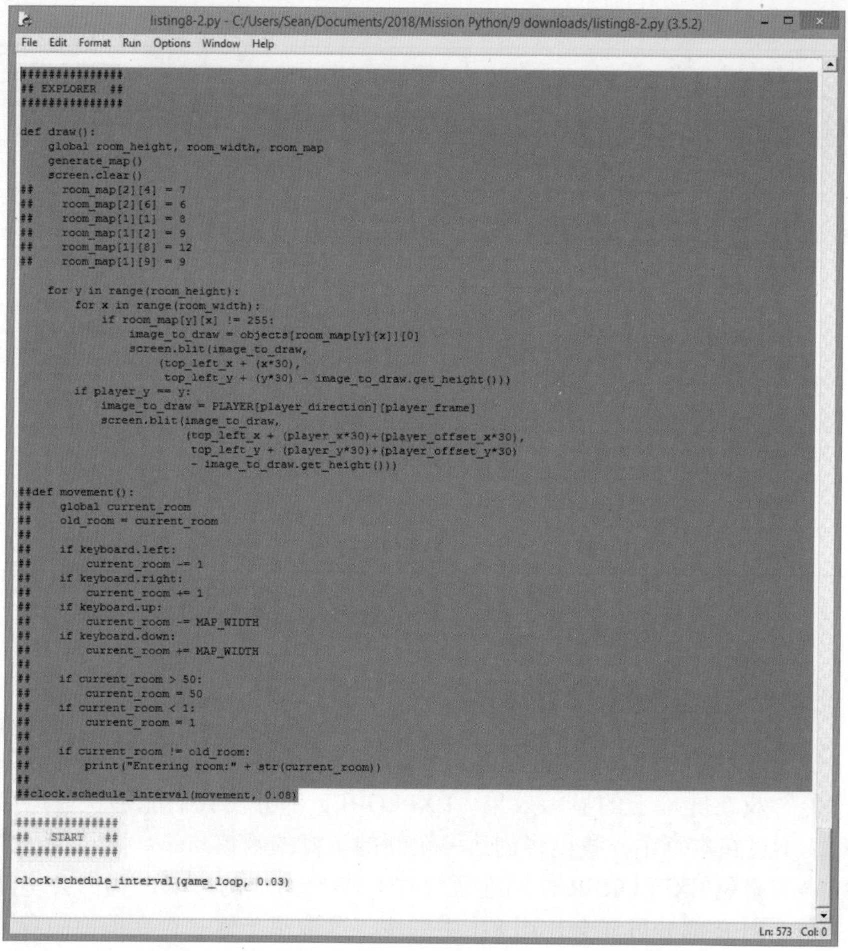

图 8-1　删除 EXPLORER 部分

将新程序另存为 listing8-3.py，并使用 pgzrun listing8-3.py 来运行它。如果一切都正常，则在命令行窗口中将看不到任何错误消息。游戏窗口会显示漆黑的空间，因为我们尚未添加新代码来绘制房间。

## 8.4　添加 DISPLAY 部分

现在，我们将添加新的 DISPLAY 部分，以替换已删除的 EXPLORER 部分。这一部分包含用于更新屏幕显示的大部分代码。包括用于绘制房间、显示信息以及更改前面墙体透明度的代码。

### 1. 添加绘制对象的函数

首先，我们将创建在特定位置绘制对象、绘制阴影和绘制玩家的函数。在 GAME LOOP 和 START 部分之间，将代码段 listing 8-4 中新的 DISPLAY 部分添加到程序中。将该程序另存为 listing8-4.py，并使用 pgzrun listing8-4.py 来运行它。这里你依然不会在游戏窗口中看到任何东西。

如果命令行窗口中有任何错误，你可以通过错误信息来帮助你修复程序。在向程序中添加代码时进行测试要比添加大量代码而不知道错误可能在哪里更好。

```
--snip--

    if player_direction == "down" and player_frame > 0:
        player_offset_y = -1 + (0.25 * player_frame)

###############
##  DISPLAY  ##
###############

❶ def draw_image(image, y, x):
❷     screen.blit(
        image,
        (top_left_x + (x * TILE_SIZE),
         top_left_y + (y * TILE_SIZE) - image.get_height())
        )

❸ def draw_shadow(image, y, x):
      screen.blit(
        image,
        (top_left_x + (x * TILE_SIZE),
         top_left_y + (y * TILE_SIZE))
        )

   def draw_player():
❹     player_image = PLAYER[player_direction][player_frame]
❺     draw_image(player_image, player_y + player_offset_y,
                  player_x + player_offset_x)
❻     player_image_shadow = PLAYER_SHADOW[player_direction][player_frame]
❼     draw_shadow(player_image_shadow, player_y + player_offset_y,
                  player_x + player_offset_x)

###############
##   START   ##
###############

clock.schedule_interval(game_loop, 0.03)
generate_map()
```

代码段 listing 8-4　在 DISPLAY 部分中添加一些函数

第一个新函数 draw_image( ) ❶ 会在屏幕上绘制指定的图像。使用它时，会为其提供要绘制的图像以及该对象在房间中的 y 和 x 坐标位置。该函数将根据房间中的砖块位置计算出在屏幕上绘制图像的位置（像素位置）。例如，可以这样使用函数：

```
draw_image(player_image, 5, 2)
```

这将在房间中的 y = 5 和 x = 2 坐标位置处绘制玩家图像。

定义函数 draw_image( ) 时，我们将图像命名为 image，将 y 坐标位置放入变量 y，将 x 坐标位置放入变量 x ❶。虽然函数 draw_image( ) 有好几行，但它唯一的指令就是 screen.blit( )，其功能是它将在我们指定的位置绘制图像 ❷。该指令实际上与我

第 8 章　修复空间站　113

们在旧的 EXPLORER 部分中使用的指令相同，因此可以查看第 3 章，以了解函数的工作原理。

---

**提　　示**

确保所有括号都在正确的位置。screen.blit( ) 参数两边是一对，y 和 x 坐标位置两边是一对，因为它们是一个元组。另外在计算位置的乘法运算两边也是一对。如果程序无法正常运行，可以先检查括号，以确保括号数量是对的。

---

然后，我们再添加一个新函数 draw_shadow( ) ❸。这个函数类似于绘制图像的函数，只是在计算图像在屏幕上的位置时不减去图像的高度。这是因为阴影要放置在主图像的下方。图 8-2 显示了在同一位置的航天员及其阴影。请记住，screen.blit( ) 的 y 坐标位置是图像的顶部边缘。

```
top_left_y + (y * TILE_SIZE) - image.get_height()
```

```
top_left_y + (y * TILE_SIZE)
```

图 8-2　计算图像和阴影的位置

第三个新函数 draw_player( ) 的功能是绘制航天员。首先，它会将正确的航天员动画帧放入变量 player_image ❹ 中。然后使用新的函数 draw_image( ) 来绘制它 ❺。函数 draw_image( ) 需要以下参数：

1）变量 player_image，其中包含要绘制的图像。

2）增加了全局变量 player_y 和 player_offset_y 之后的结果。这是砖块的 y 坐标位置，其中可能包含小数部分（例如 5.25）。

3）增加了全局变量 player_x 和 player_offset_x 之后的结果（有关如何将偏移量变量用于动画的更多信息，请参阅 7.3 节的内容。）

我们使用类似的代码绘制玩家的阴影：将字典 PLAYER_SHADOW 中正确的动画帧放入 player_image_shadow 中 ❻，然后使用函数 draw_shadow( ) 进行绘制 ❼。函数 draw_shadow( ) 使用与函数 draw_image( ) 相同的坐标位置。

## 2. 绘制房间

现在，我们已经创建了用于绘制对象和玩家的函数，接下来可以添加代码来绘制房间了。代码段 listing 8-5 中的新函数 draw( ) 将为布景和玩家添加阴影，并修复了我们先前看到的视觉问题。

在 DISPLAY 部分的末尾添加新代码，将程序另存为 listing8-5.py，然后使用 pgzrun listing8-5.py 来运行它。此时就像你打开了灯一样，阴影出现在对象的前面。不过此时游戏看起来还不太正常，因为所有房间都将绘制在窗口的左上方，有时你离开房间时无法正确清除房间。稍后我们将解决这些问题。此时，你应该看不到任何错误信息。

listing 8-5.py    *--snip--*

```python
def draw_player():
    player_image = PLAYER[player_direction][player_frame]
    draw_image(player_image, player_y + player_offset_y,
              player_x + player_offset_x)
    player_image_shadow = PLAYER_SHADOW[player_direction][player_frame]
    draw_shadow(player_image_shadow, player_y + player_offset_y,
              player_x + player_offset_x)

def draw():
    if game_over:
        return
```

❶
```python
    # 清空游戏区域
    box = Rect((0, 150), (800, 600))
    screen.draw.filled_rect(box, RED)
    box = Rect ((0, 0), (800, top_left_y + (room_height - 1)*30))
```

❷
```python
    screen.surface.set_clip(box)
    floor_type = get_floor_type()
```

❸
```python
    for y in range(room_height): # 放置地面砖块，然后放置地面上的物品
        for x in range(room_width):
            draw_image(objects[floor_type][0], y, x)
            # 下一行代码使对象的阴影落在地面上
            if room_map[y][x] in items_player_may_stand_on:
                draw_image(objects[room_map[y][x]][0], y, x)
```

❹
```python
    # 在这里添加了 26 号房间的压力垫，因此道具可以放在上面
    if current_room == 26:
        draw_image(objects[39][0], 8, 2)
        image_on_pad = room_map[8][2]
        if image_on_pad > 0:
            draw_image(objects[image_on_pad][0], 8, 2)
```

❺
```python
    for y in range(room_height):
        for x in range(room_width):
            item_here = room_map[y][x]
            # 玩家不能在 255 上行走：这标记的是宽物品占用的空间
            if item_here not in items_player_may_stand_on + [255]:
                image = objects[item_here][0]
```

❻
```python
                if (current_room in outdoor_rooms
                    and y == room_height - 1
                    and room_map[y][x] == 1) or \
                    (current_room not in outdoor_rooms
                    and y == room_height - 1
                    and room_map[y][x] == 1
                    and x > 0
                    and x < room_width - 1):
                    # 添加前面墙体的透明图像
                    image = PILLARS[wall_transparency_frame]

                draw_image(image, y, x)
```

❼
```python
                if objects[item_here][1] is not None: # 如果对象有阴影
                    shadow_image = objects[item_here][1]
```

```
                            # 如果阴影需要水平平铺
❽          if shadow_image in [images.half_shadow,
                                images.full_shadow]:
               shadow_width = int(image.get_width() / TILE_SIZE)
               # 让阴影穿过整个对象的宽度
               for z in range(0, shadow_width):
                   draw_shadow(shadow_image, y, x+z)
           else:
               draw_shadow(shadow_image, y, x)

❾       if (player_y == y):
               draw_player()

❿   screen.surface.set_clip(None)


###############
##    START    ##
###############

clock.schedule_interval(game_loop, 0.03)
generate_map()
```

代码段 listing 8-5　新函数 draw( )

　　与第 7 章中的移动代码一样，你不需要知道函数 draw( ) 是如何运行的，即便你
要自定义程序。我将在下一节中解析函数 draw( )，因此，如果你现在不想知道函数是
如何运行的，可以跳至 8.5 节的内容。

## 3. 解析新函数 draw( )

　　你可以将新的 draw( ) 函数视为先前 EXPLORER 部分中代码的细节版。下面我来
大概说明一下每个部分是如何工作的。

　　（1）清空游戏区域

　　该程序首先要清空绘制空间站的游戏区域 ❶。这个操作是通过绘制一个红色的
大矩形来完成的，这样就清空了先前屏幕的显示。而提供玩家信息的顶层和底层的区
域是分开的，因此不会变化。

　　在屏幕上放置一个矩形分两个步骤。首先，使用名为 Rect 的 Pygame 对象创建一
个形状，该指令用法如下（不需要输入）：

```
box = Rect((left position, top position), (width, height))
```

　　名称可以是任何你喜欢的名字，不过在我在程序中使用的是 box 这个名字。位置
和大小是元组，因此它们周围有圆括号。

　　其次，使用类似下面的这条指令在屏幕上绘制你创建的 Rect（同样这里也不需要
输入）：

```
screen.draw.filled_rect(box, color)
```

　　圆括号中的第一项 box 是你先前创建的 Rect。第二项是你要绘制矩形的颜色。这

里可以是由表示红色、绿色和蓝色数字组成的元组。在代码段 listing 8-5 中，我使用了颜色名称（RED），这是我们在前面的 VARIABLES 部分中设置的。

你还可以使用 Rect 形状创建一个剪切的区域❷。这就像一个不可见的窗口，我们是通过它来查看屏幕的。如果程序在窗口外绘制了一些东西，那么我们是看不到它的。这里我设置了一个和房间高度一样的裁剪区域，以防止玩家进入前面的房门时在游戏底部显示阴影。

（2）房间的绘制

房间的绘制分为两步。首先，程序会绘制地砖以及地面上玩家可以移动的任何东西❸。先绘制它们就可以将布景、玩家和阴影绘制在它们之上，这就解决了布景下面是空的问题，因为在绘制布景之前，这些地方本身就是有地砖的。

然后，该程序使用新的循环来添加房间的布景，包括阴影❺。由于这个过程是在绘制整个房间的地面之后，因此阴影将绘制在地砖以及地面上的物品上。阴影是透明的，因此你仍然可以看到阴影下面的对象。绘制布景的循环还添加了透明的墙体❻，以及绘制地面上的玩家❾。

像之前一样，房间是从后往前绘制的，以确保靠近房间前面的对象看起来在靠近后面的对象之前。

我们还为仅在游戏中一个地方使用的特殊对象添加了一小段代码。26 号房间的地面上有一个压力垫，你在玩游戏的时候可能会在上面放东西（可能是重的东西或是能够变重的东西……）。此处的特殊代码可确保压力垫及其上的物品均可见。

绘制完地砖后，函数 draw( ) 会检查当前房间是否是 26 号房间：如果是，它将绘制压力垫，然后再绘制压力垫上的其他对象❹。

**警告：**如果你要使用自己的地图自定义游戏，请删除这段代码中绘制压力垫的部分。从注释行开始❹，一直删除到指令 draw_image(objects[image_on_pad][0], 8, 2)（包含这条指令）。

（3）让前面的墙体变得透明

当程序绘制房间最前面的一排时（即当 y 循环等于 room_height-1 时），它将检查是否需要绘制半透明的墙，而不是绘制从 room map ❻获取的实体墙。当玩家站在前面墙体的后面时，墙体要变成半透明的（见图 8-3）。

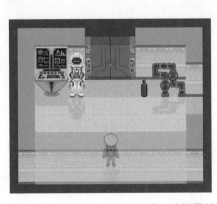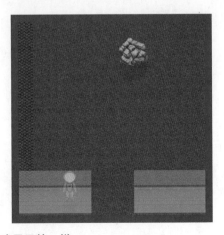

图 8-3　房间前面的透明墙体，就像最终游戏显示的一样

该程序效果是在行星表面上会使整个墙体变成透明。而在空间站内部，两端的墙体是不透明的（见图 8-3）。两端的墙体始终是实墙。这是因为如果你看到变透明的墙体后面是一个实墙会显得很奇怪。

稍后，我们将通过更改 wall_transparency_frame 中的数字来添加代码并以动画的形式让墙体变得透明。在游戏中，你是不会看到半透明的墙的。

（4）添加阴影

如果对象有阴影，则将阴影从对象字典中取出并放入 shadow_image 中 ❼。之后程序检查是使用 half_shadow 还是 full_shadow，它们分别占半块砖和一块砖的位置。这两个标准的阴影可用于不需要特殊阴影轮廓的块状物品（例如，电气设备和墙体）。程序会检查 shadow_image 是否包含在这两个标准图像的列表中 ❽。

这是一种简单易懂的方法来检查 shadow_image 是否是两个选项之一。如果你要检查三项或更多项内容，那么与使用 == 加 or 的组合相比，这种方式更加的易于阅读，而且也没有那么多的比较量。

如果阴影是标准图像之一，则程序将计算出阴影的宽度要占用几块砖。计算方法是将投射阴影对象的宽度除以一块砖的宽度（30 像素）。例如，一个 90 像素宽的图像就是 3 块砖的宽度。

之后，程序将使用变量 z 创建一个循环以绘制标准阴影图像。循环从 0 开始，一直到阴影宽度减 1 为止。这是因为 range 是不算最后一个数的：range(0, 3) 为我们提供的是数字 0、1 和 2。将 z 的值与主循环的 x 的值相加，用于绘制阴影图像。图 8-4 显示了一个宽度为 3 块砖的物品。z 循环采用值 0、1 和 2 将阴影添加到正确的位置。

在绘制好地面之后再将玩家绘制在适当位置，这样可以确保在向上移动时，航天员的腿不会消失 ❾。

函数 draw( ) 以关闭剪切区域结束，该剪切区域能够防止阴影绘制在游戏区域以外 ❿。

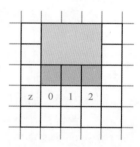

图 8-4　一个宽度为 3 块砖的物品可能在其下方是一个标准阴影（被绘制了 3 次）

## 8.5　在屏幕上定位房间

现在，让我们解决房间始终在屏幕左上方的问题。该程序使用两个变量来定位房间：top_left_x 和 top_left_y。目前，它们被分别设置为 100 和 150，这意味着房间总是绘制在窗口的左上角。下面我们将添加一些代码，这些代码将根据房间的大小来更改这些变量，以便在窗口的中间绘制房间（见图 8-5）。这样屏幕的布局看起来会更好，也会使游戏更容易玩。

将代码段 listing 8-6 中的新内容添加到函数 generate_map( ) 的末尾，该函数位于程序的 MAKE MAP 部分。由于它们在函数内部，因此你需要将每行缩进四个空格。

将程序另存为 listing8-6.py，并使用 pgzrun listing8-6.py 来运行它。如图 8-5 所示，现在每个房间应该都在屏幕中间了。

图 8-5　房间在窗口的中间

listing 8-6.py

```
--snip--

def generate_map():
--snip--

            for tile_number in range(1, image_width_in_tiles):
                room_map[scenery_y][scenery_x + tile_number] = 255

❶      center_y = int(HEIGHT / 2) # 游戏窗口的中间
❷      center_x = int(WIDTH / 2)
❸      room_pixel_width = room_width * TILE_SIZE # 房间的像素大小
❹      room_pixel_height = room_height * TILE_SIZE
❺      top_left_x = center_x - 0.5 * room_pixel_width
❻      top_left_y = (center_y - 0.5 * room_pixel_height) + 110
```

代码段 listing 8-6　创建变量以将房间放置在游戏窗口的中间

这些指令位于函数 generate_map( ) 内部，该函数会在玩家进入房间时为每个房间设置列表 room_map。现在，函数 generate_map( ) 还将设置变量 top_left_x 和 top_left_y，这些变量会记住房间在窗口中绘制的位置。

代码段 listing 8-6 中的新代码开始的时候会计算窗口的中间位置。变量 HEIGHT 和 WIDTH 存储的是以像素为单位的窗口大小。将它们除以 2 可得到窗口中心的坐标。我们将它们存储在变量 center_y ❶ 和 center_x ❷ 中。

然后，程序会计算出房间的像素宽度 ❸，即房间的宽度乘以一块砖的大小。结果存储在 room_pixel_width 中。房间像素高度的计算类似 ❹。

为了将房间放置在窗口的中间，我们希望房间的一半在中心线的左边，一半在右边。因此，我们从中心线减去以像素为单位的房间宽度的一半 ❺，然后开始绘制房间。

top_left_y 的计算类似，只是要将结果加上 110 ❻。增加 110 是因为我们最终的屏幕布局会将屏幕顶部的区域作为信息面板。所以这里将房间微调一点，为面板留出空间。

## 8.6　让前面的墙体淡入淡出

此时，游戏中还有一些无法看到玩家的死角。如果在房间的中间，我们可以设置让物品不要太高，以避免出现遮挡玩家的情况。但是在房间的前面有一堵高墙是无法避免遮挡玩家的。

房间前面的墙体遮挡玩家会导致各种问题：如果掉了东西，你可能会找不到它；或者如果有东西在伤害你，你也可能看不到它！解决这个问题的方法就是当玩家接近时让墙渐渐淡出。

函数 draw( ) 已经使用动画帧绘制了前面的墙柱。墙体动画的列表 PILLARS 中有 5 帧（编号从 0 到 4）。第一帧是实心墙，最后一帧是最透明的墙（见表 8-2）。随着动画帧数的增加，墙体会变得越来越透明。当前帧存储在变量 wall_transparency_frame 中。

由于图像的透明效果，所以当在玩家上方绘制透明的墙体时，我们依然是可以看到玩家的。

表 8-2　前面墙体的动画帧

| 帧数 | 0 | 1 | 2 | 3 | 4 |
| --- | --- | --- | --- | --- | --- |
| 图像 | | | | | |

代码段 listing 8-7 显示了一个名为 adjust_wall_transparency( ) 的新函数，这个函数能实现墙体的淡入淡出效果。将其添加到 DISPLAY 部分的末尾，就在刚刚完成的函数 draw( ) 之后，在 START 部分之前。另外你还需要在程序的末尾，函数外添加一行指令，以便让这个函数定时运行。这一行指令也在代码段 listing 8-7 中。

将更新的程序另存为 listing8-7.py，并使用 pgzrun listing8-7.py 来运行它。此时如果你走在前面墙体的后面，则前面的墙体就会淡出，这样你就能看透这面墙了（见图 8-3）。当你再次走开时，则墙又会变成实墙。

在代码段 listing 8-7 中添加的最后一条指令是让函数 adjust_wall_transparency( ) 每 0.05s 运行一次 ❾。当玩家在房间四周移动时，这会根据需要让墙体实现淡入或淡出效果。

listing 8-7.py

```
                --snip--

                ###############
                ##  DISPLAY  ##
                ###############

                --snip--

                screen.surface.set_clip(None)

            def adjust_wall_transparency():
                global wall_transparency_frame

❶           if (player_y == room_height - 2
❷               and room_map[room_height - 1][player_x] == 1
❸               and wall_transparency_frame < 4):
❹               wall_transparency_frame += 1 # 淡出

❺           if ((player_y < room_height - 2
❻                   or room_map[room_height - 1][player_x] != 1)
❼                   and wall_transparency_frame > 0):
❽               wall_transparency_frame -= 1 # 淡入

        ###############
        ##   START   ##
        ###############

        clock.schedule_interval(game_loop, 0.03)
        generate_map()
❾   clock.schedule_interval(adjust_wall_transparency, 0.05)
```

代码段 listing 8-7  接近前面墙体时使其透明

让我们看看这个新函数是如何运行的。如果玩家站在墙体后面，则以下两个条件为真：

1）它们的 y 坐标位置等于 room_height-2 ❶。如图 8-6 所示，地图的最下面一行是 room_height-1。因此，我们要检查玩家是否在其上方的一行。

2）在与玩家的 x 坐标位置一样的情况下，房间的最下面一行是墙体 ❷。在图 8-6 中，红色正方形标记的位置是看不到玩家的。它们前面的最下面一行是表示墙体的 1。绿色正方形标记的位置可以看到玩家的，因为它们在门口。这里房间门口地图的最下面一行是 0。

如果玩家在墙后面 ❶❷，并且墙体的透明度未设置为最大值 ❸，则墙的透明度增加 1 ❹。

如果以下任意一个条件为真，则表示玩家没有被墙体遮挡：

1）它们的 y 坐标位置小于 room_height-2 ❺。如果玩家回到房间中间，则应该可以看到玩家。

2）在与玩家的 x 坐标位置一样的情况下，房间的最下面一行不是墙体 ❻。

在这种情况下，如果墙体的透明度大于最小值 ❼，则墙的透明度减 1 ❽。

函数 draw( ) 使用 wall_transparency_frame 的值来从列表 PILLARS 中找出要在最下面一行中使用的图片。

实现的效果就是墙体会根据玩家是否在墙后面从而淡入淡出。这种变化非常快，所以玩家不会因此感到效果延迟，但也不会那么快就消失，这样会分散玩家的注意力。

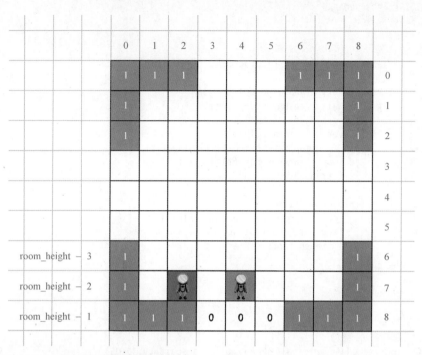

图 8-6　显示玩家是否在墙体后面

## 8.7　显示提示和警告

有时 *Escape* 游戏会使用文字告诉你一些线索。例如，它可能会使用文本告诉你如果操作某个对象的话会发生什么，或者提供对它的描述。

在该程序的 DISPLAY 部分中，最终的函数会将消息写在游戏窗口的顶部。有两行文字：

1）第一行在距离窗口顶部 15 个像素的地方，其中的内容会告诉玩家它们在做什么。例如，它会显示对象的描述并告诉它们使用对象时会发生什么。

2）第二行在距离窗口顶部 50 个像素的地方，用于显示重要消息。

两个文本行是分开的，因此重要消息不会被不太重要的消息掩盖。如果游戏需要告诉你有"危及生命"的情况，那么你也不希望该消息被替换为"你已进入新房间"的消息吧！

在代码段 listing 8-7 中添加了墙体透明度代码之后，将代码段 listing 8-8 中的新代码添加到 DISPLAY 部分的末尾。将程序另存为 listing8-8.py。通过使用 pgzrun listing8-8.py 来进行测试，不过此时不会有任何区别。稍后，我们将添加一些指令来使用这个新的函数 show_text( )。

listing 8-8.py

```
        --snip--

        if ((player_y < room_height - 2
                or room_map[room_height - 1][player_x] != 1)
                and wall_transparency_frame > 0):
            wall_transparency_frame -= 1 # Fade wall in.

❶   def show_text(text_to_show, line_number):
        if game_over:
            return
❷       text_lines = [15, 50]
❸       box = Rect((0, text_lines[line_number]), (800, 35))
❹       screen.draw.filled_rect(box, BLACK)
❺       screen.draw.text(text_to_show,
                        (20, text_lines[line_number]), color=GREEN)


    ###############
    ##    START    ##
    ###############

    --snip--
```

代码段 listing 8-8　添加文本显示函数

函数 show_text( ) 的使用方式如下（不用输入以下内容）：

```
show_text("message", line number)
```

对于第一行来说，line number 为 0，而对于第二行来说为 1，这是为重要消息保留的。在函数开始的时候，会将 message 放入变量 text_to_show 中，而将行号放入 line_number 中 ❶。

我们使用名为 text_lines 的列表来记住两行文本的垂直位置（以像素为单位）❷。同时还定义了一个长框 ❸ 并用黑色填充 ❹，这是为了在绘制新消息之前清除文本行用的。

最后，我们在 Pygame Zero 中使用函数 screen.draw.text( ) 将文本显示在屏幕上 ❺。这个函数需要文字、文字的 x 和 y 坐标位置以及文字颜色作为参数。坐标位置的数字要放在圆括号内（组成一个元组）。

在代码段 listing 8-8 中 ❺，x 坐标位置距离左侧 20 个像素，y 坐标位置是从列表 text_lines 中获取的，这里使用 line_number 中的数字作为列表序列号。

## 8.8　进入房间时显示房间名称

为了测试函数 show_text( )，可以添加函数 start_room( )，该函数会在你走进房间时显示房间名称。将此函数放在 GAME LOOP 部分的函数 game_loop( ) 之前，见代码段 listing 8-9。将你的程序另存为 listing8-9.py。不过当运行该程序时，你不会看到任何变化。

listing 8-9.py   *--snip--*

```
##############
## GAME LOOP ##
##############

def start_room():
    show_text("You are here: " + room_name, 0)

def game_loop():
--snip--
```

代码段 listing 8-9　添加函数 start_room( )

该函数会使用变量 room_name，这个变量是我们在函数 generate_map( ) 中设置的。它存储的是当前房间的名称，而这个名称是取自列表 GAME_MAP。房间名称将与文本"You are here: "组合在一起发送到函数 show_text( ) 中。

现在，我们需要将新的函数 start_room( ) 设置为在玩家进入新房间时运行。我们在代码段 listing 7-6 中包含了执行此操作的代码，不过我们将其注释掉了。现在我们准备好了！ 在任何 #start_room( ) 的地方，我们都希望将其替换为 start_room( )。# 相当于是关闭，这会告诉 Python 忽略后面的指令。要让这条指令运行，我们需要删除 #。

相比于手动查找所有需要更改的指令，我们最好是通过 IDLE 来完成这个操作。具体操作请见图 8-7，并按照下列步骤进行：

1）在 IDLE 中单击 **Edit**（编辑）→**Replace**（替换）（或按 Ctrl+H 键）以显示替换文本对话框。

2）在 **Find**：（查找）中输入 #start_room( )。

3）在 **Replace with**：（替换）中输入 start_room( )。

4）单击 **Replace All**（全部替换）。

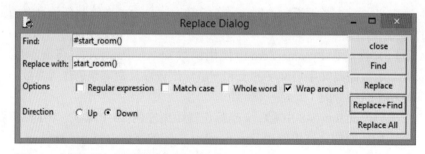

图 8-7　当玩家进入新房间时启用函数 start_room( )

IDLE 应该在四个地方替换该指令，之后将跳转到代码中的最后一条，见代码段 listing 8-10（这里无须输入任何内容）。

将程序另存为 listing8-10.py，并使用 pgzrun listing8-10.py 来运行程序。此时每当你进入一个新房间时，都将出现一条新消息，提示你进入了新房间。不过这是通过穿过房门来触发的，因此在第一个房间中不起作用。

```
--snip--
    if player_y == -1: # through door at TOP
        #clock.unschedule(hazard_move)
        current_room -= MAP_WIDTH
        generate_map()
        player_y = room_height - 1 # enter at bottom
        player_x = int(room_width / 2) # enter at door
        player_frame = 0
        start_room()
        return
--snip--
```

代码段 listing 8-10　当玩家离开房间时启用函数 start_room( )

这样就完成了 *Escape* 游戏的 DISPLAY 部分！稍后我们还将进行一些小的修改以显示敌人，但除此之外我们已经为游戏的其余部分打下了基础。

在下章，我们将向游戏中添加道具，同时开始整理你的个人物品。

## 8.9　你掌握了么

确认以下内容，以检查你是不是已经了解了本章的关键内容。

❏　发送给函数的信息称为参数。

❏　要将信息发送给函数，需要将其放在函数名称后面的圆括号之中。如果是多个参数，就用逗号将各个参数分隔开。例如：add(5, 7)。

❏　为了让函数接收信息，你可以在定义函数时设置局部变量来接收参数。

❏　程序的 DISPLAY 部分能够实现绘制房间、墙体的淡入淡出以及显示文本消息的功能。

❏　函数 show_text( ) 有两个参数：即要显示的字符串内容和行号（0 或 1）。第 1 行用来显示重要消息。

❏　你可以通过 Python 元组类型的位置和大小来定义 Rect。

❏　函数 screen.draw.filled_rect( ) 能够绘制一个填充的矩形。

❏　Pygame Zero 中的颜色使用 RGB（红绿蓝）格式。例如 (255, 100, 0) 是橙色：红色值最大，绿色值适中，没有蓝色值。

❏　如果要在整个程序中替换某些代码，则可以使用 IDLE 中的全部替换选项。

# 任务汇报

这是本章中练习任务的答案。

## 练习任务 #1

除了更改计算公式之外，记住还要更改函数的名称，并在函数 print( ) 内部将加号改为减号。如果不进行这样的操作，程序仍然可以运行，不过使用函数 add( ) 进行减法运算会感觉很混乱。

如果更改发送数字的顺序，该函数依然会用第一个数字减去第二个数字，所以结果会有所不同。这就是为什么要确保以期望的接收顺序将信息发送给函数是非常重要的。另外在使用某些函数时，如果以错误的顺序发送参数，还会引起 Python 报错。

```python
def subtract(first_number, second_number):
    total = first_number - second_number
    print(first_number, "-", second_number, "=", total)

subtract(5, 7)
subtract(2012, 137)
subtract(1234, 4321)
```

# 第 **9** 章

## 整理你的个人物品

现在，空间站已经可以使用了，是时候整理你的个人物品以及工作所需的各种工具和装备了。

在本章中，你将为能够在房间之间移动的对象（道具）构建代码。玩游戏的时候，你将能够发现新物品，将它们拾起，四处走动并使用它们来解决各种难题。

## 9.1 添加道具信息

在第 5 章将图像文件名和描述添加到字典 objects 中时，你已经添加了一些有关道具的信息。字典 objects 中包含了具体项是什么的信息。在本章中，我们将添加信息以告诉游戏道具在哪里。

你可能想知道为什么我们要把布景和道具分开处理。这是因为它们的信息处理方式不同：布景字典使用房间作为键来存储信息。这样做的原因是程序需要同时获取一个房间中所有的布景信息。在将布景信息添加到房间地图之后，不再需要布景字典，一直到玩家进入新的房间。

相对来说，道具的位置并不固定，因此可能需要在任意一个房间中获取道具的信息。如果这些信息被存储在布景项目列表中，则很难查找和更改。

我们将创建一个名为 props（道具）的新字典，以存储有关 props 的信息。我们将对象编号用作键，每个条目将是包含以下内容的列表：

1）道具所在的房间号。

2）道具在房间中的 y 坐标位置（以砖块为单位）。

3）道具在房间中的 x 坐标位置（以砖块为单位）。

例如，这是 hammer（锤子）的条目，即 65 号对象：

```
65: [50, 1, 7]
```

它在 50 号房间，y 坐标位置为 1，x 坐标位置为 7。

不在游戏世界中或由玩家携带的对象，其对应的房间号为 0，这不是游戏中的真实位置。例如，有些对象是被创建后才出现在游戏中的，而有些对象会被销毁。这些都将存储在 0 号房间中。

> **提　示**
>
> 字典 props 和 objects 使用相同的键。如果你想知道字典 props 中的第 65 项是什么，可以在字典 objects 中阅读其详细信息。

代码段 listing 9-1 显示了如何将道具信息添加到游戏中的代码。打开代码段 listing 8-10.py，这是上一章中的最终程序。在 DISPLAY 部分的函数 show_text( ) 之后，在 START 部分之前，添加新的 PROPS 部分。只添加新的内容，并将新程序另存为 listing9-1.py。如果你不想输入这些数据，可以从 data-chapter9.py 文件中复制这些内容。

可以使用 pgzrun listing9-1.py 运行该程序。目前不会有什么变化，不过你可以看看命令行窗口中是否有错误消息出现。

listing 9-1.py

```python
--snip--
    screen.draw.text(text_to_show,
                    (20, text_lines[line_number]), color=GREEN)


###############
##   PROPS   ##
###############
# 道具是可能在房间之间移动、出现或消失的对象
# 所有的道具必须在这里设置。游戏中尚未出现的道具放在 0 号房间
# 对象编号：[ 房间, y, x]
❶ props = {
    20: [31, 0, 4], 21: [26, 0, 1], 22: [41, 0, 2], 23: [39, 0, 5],
    24: [45, 0, 2],
❷  25: [32, 0, 2], 26: [27, 12, 5], # 同一个房门的两边
    40: [0, 8, 6], 53: [45, 1, 5], 54: [0, 0, 0], 55: [0, 0, 0],
    56: [0, 0, 0], 57: [35, 4, 6], 58: [0, 0, 0], 59: [31, 1, 7],
    60: [0, 0, 0], 61: [36, 1, 1], 62: [36, 1, 6], 63: [0, 0, 0],
    64: [27, 8, 3], 65: [50, 1, 7], 66: [39, 5, 6], 67: [46, 1, 1],
    68: [0, 0, 0], 69: [30, 3, 3], 70: [47, 1, 3],
❸  71: [0, LANDER_Y, LANDER_X], 72: [0, 0, 0], 73: [27, 4, 6],
    74: [28, 1, 11], 75: [0, 0, 0], 76: [41, 3, 5], 77: [0, 0, 0],
    78: [35, 9, 11], 79: [26, 3, 2], 80: [41, 7, 5], 81: [29, 1, 1]
    }

checksum = 0
for key, prop in props.items():
❹    if key != 71: # 71 号对象要跳过，因为每次游戏中该物品的位置都不一样
        checksum += (prop[0] * key
                    + prop[1] * (key + 1)
```

```
                      + prop[2] * (key + 2))
❺ print(len(props), "props")
   assert len(props) == 37, "Expected 37 prop items"
   print("Prop checksum:", checksum)
❻ assert checksum == 61414, "Error in props data"

❼ in_my_pockets = [55]
   selected_item = 0 # 第一个物品
   item_carrying = in_my_pockets[selected_item]


   ###############
   ##   START   ##
   ###############
   --snip--
```

代码段 listing 9-1　在游戏中添加道具信息

在 PROPS 部分的开始我们创建了一个字典来存储有关道具的信息 ❶。该字典列出了所有道具的位置，开始是一些门（20 ~ 24），然后包括救援船（rescue ship ,40）以及从 53 号开始的可携带物品。

你可能会觉得有一点比较怪。我们将门视为道具而不是布景，这是因为门并不是始终在那个位置：当房门打开时，它们便被从房间中移走了。大部分的门在打开后都保持着打开的状态，直到游戏结束。不过，连接 27 号房间和 32 号房间的门可以被关闭，这意味着玩家可以从两侧看到它。因此，我们需要两个道具来表示这扇门 ❷，分别是 27 号房间的顶部和 32 号房间的底部。这两个门的对象编号分别为 25 和 26。

71 号道具是 Poodle 着陆器，它在游戏开始前就已经着陆了。我们使用程序的 VARIABLES 部分中的变量 LANDER_Y 和 LANDER_X 来定位着陆器 ❸，因为它的位置在每次运行游戏时都会改变。Poodle 着陆器在着陆时会被火星的土壤所覆盖，所以它会在 0 号房间中，直到玩家将其挖出来为止。

与布景信息一样（见第 6 章），我在这里使用了校验和来帮助你确定输入数据时是否出错。如果有错的话，则可能游戏无法玩到最后。在校验和的计算中唯一跳过的是 71 号道具，因为它的位置在每次游戏开始的时候是随机的 ❹。

如果要更改道具的数据，最简单的方法是注释掉两个校验和的计算指令，如下所示：

```
#assert len(props) == 37, "Expected 37 prop items"
#assert checksum == 61414, "Error in props data"
```

该程序会在命令行窗口中显示校验和的总数以及数据项的数量 ❺，因此，如果你更改了道具的数据，则可以使用此信息来更新两个指令 assert 中的数字，以便它们认定你的自定义数据是正确的。如果这样的话，则可以继续使用这两行指令，而不必将其注释掉。

该程序还设置了两个新变量和一个列表，我们将在本章的后面使用该列表。列表 in_my_pockets ❼ 存储了玩家已拾取的所有物品，也称为物品清单（inventory）。这些物品中始终有一个处于选中状态，玩家可以随时准备用它来干点什么。变量 selected_ item 存储的是列表 in_my_pockets 中的序列号。变量 item_carrying 存储的是玩家已选择物品的对象编号。你可以将变量 item_carrying 视为玩家手中对象的编号。我将在本章后面详细介绍这些变量。

## 9.2　在房间地图中添加道具

我们已经添加了道具位置的信息，所以现在可以显示道具了。我们要让道具放置在正确的房间中，为此，当玩家进入房间时，需要将道具放入列表 room_map 中。然后函数 draw( ) 会使用该列表绘制房间。

我们把在房间地图中添加道具的指令放到程序 MAKE MAP 部分的函数 generate_map( ) 中。位置就在第 8 章中添加的用于计算变量 top_left_x 和 top_left_y 的指令之后，在 GAME LOOP 部分的开头上方。

由于新代码全部是函数 generate_map( ) 的一部分，所以你需要将它们至少缩进四个空格。

将代码段 listing 9-2 中所示的新指令添加到你的程序中，将其另存为 listing9-2.py。使用 pgzrun listing9-2.py 来运行程序，你应该能看到一些房间中出现了新物品，如图 9-1 所示。

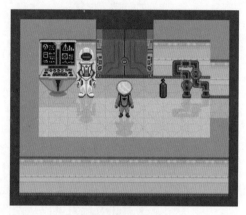

图 9-1　一分钟前还没有这扇门！另外，那个空气罐可能会派上用场

listing 9-2.py

```
--snip--
        top_left_x = center_x - 0.5 * room_pixel_width
        top_left_y = (center_y - 0.5 * room_pixel_height) + 110

❶      for prop_number, prop_info in props.items():
❷          prop_room = prop_info[0]
            prop_y = prop_info[1]
            prop_x = prop_info[2]
❸          if (prop_room == current_room and
❹              room_map[prop_y][prop_x] in [0, 39, 2]):
❺                  room_map[prop_y][prop_x] = prop_number
❻                  image_here = objects[prop_number][0]
                    image_width = image_here.get_width()
                    image_width_in_tiles = int(image_width / TILE_SIZE)
❼                  for tile_number in range(1, image_width_in_tiles):
                        room_map[prop_y][prop_x + tile_number] = 255


###############
## GAME LOOP ##
###############
--snip--
```

代码段 listing 9-2　将道具添加到当前房间的房间地图

在新代码中，我们首先建立一个循环以遍历字典 props 中的项目 ❶。对于每个项目，字典的键都会存入变量 prop_number 中，而带有位置信息的列表会存入列表 prop_info 中。

为了让程序更易于阅读，我设置了一些变量来存储列表 prop_info 中的信息 ❷。该程序会提取房间号的信息（并将其存入 prop_room）以及 y 和 x 坐标位置信息（将其放入变量 prop_y 和 prop_x 中）。

我们添加了一个检测程序，以查看 prop_room 是否与玩家所在的房间匹配 ❸ 以及道具是否在地面上。这个检测将三种不同的地面类型放入列表中（0 是室内地面、2 是土壤、39 是 26 号房间中的压力垫）。该程序会检查道具的位置，同时查看房间地图中该位置的内容。如果当前位置是三种地面类型之一，则表示该对象完全放在地面上。如果不是，则表示该道具不可见，会隐藏在布景中。例如，如果道具位置是一个橱柜而不是地面，则道具不会显示在屏幕上。不过，玩家在检查该位置的橱柜时仍然可以找到道具。

如果道具在房间中并且在地面上，则房间地图会更新为道具编号 ❺。

有些道具比一块砖宽，比如房门。因此我们会将道具覆盖的第一块砖之外其他的砖标记为 255 ❼。这类似于我们先前在函数 generate_map( ) 中用来标记较宽的布景时的代码（参见代码段 listing 6-4）。

## 从函数获取信息：掷骰子

在第 8 章中，你学习了如何向函数发送信息（或参数）。这里让我们细致地介绍一下如何从函数中获取信息。我们将使用这项技能来创建一个函数，该函数可以告诉我们玩家站在哪个物品上。

代码段 listing 9-3 是一个简单的程序，该程序是从函数中返回一个数字并将其存入变量中。这不是 *Escape* 游戏的一部分，因此需要先单击 **File→New** 来创建一个新文件。

将程序另存为 listing9-3.py。由于该程序不使用 Pygame Zero，因此可以在脚本窗口中单击 **Run→Run Module** 来运行它。该程序模拟了一个 10 个面的骰子。

listing 9-3.py

```
❶ import random

❷ def get_number():
❸     die_number = random.randint(1, 10)
❹     return die_number

❺ random_number = get_number()
❻ print(random_number)
```

代码段 listing 9-3　一个 10 个面的骰子模拟程序展示了如何从函数中返回数字

该程序首先告诉 Python 要使用 random 模块 ❶，该模块为 Python 提供了产生随机数选择的新函数。然后，我们创建一个名为 get_number( ) 的新函数 ❷，该函数将生成一个介于 1 ~ 10 之间的随机数 ❸，并将结果放入一个名为 die_number 的变量中。

通常，当你运行一个函数（在 Python 中的专业术语叫作函数的调用）时，直接使用它们的函数名即可，如下所示：

```
get_number()
```

这次，我们不仅运行了函数，而且告诉 Python 将函数的结果放入一个名为 random_number 的变量中 ❺。当函数使用 return 指令 ❹ 发送结果的时候，这个结果将存入变量 random_number 当中。之后，主程序部分将输出这个值 ❻。

这段代码展示了从函数获取信息的方法是设置一个变量来存储函数运行时产生的信息 ❺，同时使用 return 指令在函数结束时将信息发出来 ❹。你也可以发送字符串和列表，而不仅仅是数字。可能的话，这是程序的其他部分使用函数返回信息的最佳方法。这种形式能够使主程序获取函数的局部变量信息（在本例中为 die_number），该变量通常仅在该函数内部可用。

之后你将不再需要该程序，因此可以在完成实验后将其关闭。

## 9.3　从房间地图查找对象编号

马上我们就将添加代码，让你能够在空间站中拾取物品。不过首先，我们需要知道拾取的是哪个物品对象。

当玩家与布景或道具互动时，我们需要知道对应物品对象的编号。一般这比较简单。如果房间地图显示玩家所在位置的道具对象编号是 65，那这个道具就是锤子。该程序可以显示锤子的描述，并可以让玩家拿起或使用它。

对于占用多块砖的较宽的对象，识别对象编号可能会有点麻烦。程序中是使用数字 255 标记被较宽的物品覆盖的砖块，这个数字并不对应于某一个道具。该程序需要查看房间地图中左侧的数据，直到找到一个不是 255 的数字，以便确定实际物品对象的编号。

例如，如果玩家检查的是房门最右边三分之一的位置，则程序将看到该位置是 255，所以程序将检查左边的位置。该位置还是 255，因此程序将继续向左检查。如果此时该位置的数字不是 255，则程序就认为找到了真正的物品对象编号，比如是 20（房门）。然后使用对象编号 20，程序就可以让玩家检查或打开房门。

我们将创建两个函数来计算对象编号，见代码段 listing 9-4。你需要将它们添加到代码段 listing 9-2 中，因此请单击 **File→Open** 再次打开程序 listing9-2.py。我们要开始程序的一个新部分，名为 PROP INTERACTIONS（道具交互），我们将其放在 PROPS 部分之后。在这个新的部分中，我们将存放用于拾取和放置道具的代码。

将更新的程序另存为 listing9-4.py。目前这还没有起任何作用，不过你可以使用 pgzrun listing9-4.py 来运行程序，以检查新增的部分有没有什么错误。在命令行窗口中你可以看到可能出现的错误信息。

```
listing 9-4.py     --snip--
                   in_my_pockets = [55]
                   selected_item = 0 # 第一个物品
                   item_carrying = in_my_pockets[selected_item]

                   ########################
                   ## PROP INTERACTIONS ##
                   ########################

❶   def find_object_start_x():
❷       checker_x = player_x
❸       while room_map[player_y][checker_x] == 255:
❹           checker_x -= 1
❺       return checker_x

❻   def get_item_under_player():
❼       item_x = find_object_start_x()
❽       item_player_is_on = room_map[player_y][item_x]
❾       return item_player_is_on

     --snip--
```

代码段 listing 9-4　查找真正的物品对象编号

在介绍这段代码是如何工作的之前，我们先来说明一下游戏循环如何让玩家与道具和布景互动：

1）当玩家按下移动键时，程序会更改玩家的位置（即使这会将他们移动到不可能的地方，比如墙内）。

2）该程序会使用玩家所在位置的对象来执行玩家所要求的动作。这意味着此时玩家和对象在房间中的位置相同。

3）如果玩家位于不允许站立的地方（比如墙内），则程序会将其移回原来的位置。

整个过程非常快，以至于你都看不出来玩家进入过墙体或其他布景。这样，玩家就可以使用移动键和动作键来检查或使用布景了。例如，你可以走进一堵墙，然后按空格键检查墙体并查看其说明。这个过程也适用于玩家站立位置的物品，例如地面上的道具。

在代码段 listing 9-4 中添加的第一个新函数是 find_object_start_x( ) ❶。该函数能够找到任何位于玩家位置上的物品对象的起始位置，如果当前位置是 255，则向左查找真正的物品对象编号。

为此，该函数将变量 checker_x 设置为与玩家的 x 位置相同 ❷。只要房间地图在 checker_x 的 x 位置上和玩家的 y 位置是 255，我们就会一直运行一个循环 ❸。在该循环中只有一条指令，就是将 checker_x 减 1 ❹，即向左移动 1 个砖块。循环结束后，checker_x 就是在物品对象的左侧位置。之后将该数字送回 ❺ 启动该函数的指令。

第二个新函数是 get_item_under_player( ) ❻，该函数可以确定哪个对象位于玩家的位置。它使用第一个函数找出对象的起始位置，并将 x 位置存储在变量 item_x 中 ❼。然后，它将查看该位置的房间地图数据，以确定对应的物品对象编号 ❽，最后将该编号送回启动该函数的指令 ❾。

## 9.4 拾取物品对象

现在这些函数已经写好了，我们可以创建用于拾取对象并将它们存储在玩家清单中的几个函数了。之后，我们还将添加一些键盘控制的代码。

### 1. 拾取道具

在代码段 listing 9-4 中添加代码之后，将代码段 listing 9-5 中所示的两个函数添加到程序的 PROP INTERACTIONS 部分的末尾。

将该程序另存为 listing9-5.py。你可以使用 pgzrun listing9-5.py 来运行程序以检查是否有错误，不过目前你看不到任何变化。该代码增加了一些新函数，但没有添加玩家可使用的进行键盘控制的代码。

listing 9-5.py

```
--snip--
    item_player_is_on = room_map[player_y][item_x]
    return item_player_is_on

def pick_up_object():
    global room_map
❶  item_player_is_on = get_item_under_player()
❷  if item_player_is_on in items_player_may_carry:
❸      room_map[player_y][player_x] = get_floor_type()
❹      add_object(item_player_is_on)
        show_text("Now carrying " + objects[item_player_is_on][3], 0)
        sounds.pickup.play()
        time.sleep(0.5)
❺  else:
        show_text("You can't carry that!", 0)

❻ def add_object(item): # 将物品添加到清单
    global selected_item, item_carrying
❼  in_my_pockets.append(item)
❽  item_carrying = item
❾  selected_item = len(in_my_pockets) - 1
    display_inventory()
❿  props[item][0] = 0 # 携带的物品会被放入 0 号房间（不在地图上）

def display_inventory():
    print(in_my_pockets)
--snip--
```

代码段 listing 9-5　添加拾取物品对象的函数

当玩家按下拾取键（G）拾取物品时，函数 pick_up_object( ) 将启动。这样就会将玩家所在位置上的物品对象编号放入变量 item_player_is_on 中 ❶。如果该物品可携带 ❷，则该函数剩下的部分会将其拿起。

要从地面上移除一个物品，则程序会用地面的对象编号（土壤或地砖）替换玩家所在位置的房间地图数据 ❸。函数 get_floor_type( ) 用于查找该房间的地面类型。在重新绘制房间后，该物品就会从地面上消失，这样看起来就好像被捡起来了一样。之后会使用函数 add_object( ) 将该物品添加到玩家携带的物品清单中 ❹。

接下来，我们会在屏幕上显示一条消息，告诉玩家他们拿起了一个物品并会播放一段音效。我们使用 time.sleep(0.5) 指令增加了短暂的半秒延迟，以确保在玩家长时间按住按键时，消息不会被覆盖。

如果该物品不可携带，我们会显示一条消息，告诉他们该物品无法携带 ❺。例如，布景不能被携带，因此我们需要告诉玩家。否则，他们可能会以为自己按错了键，或是感觉程序没有正常工作。

函数 add_object( ) 会将一个物品添加到列表 in_my_pockets 中，该列表存储玩家正在携带的物品。在函数开始时，会将接收的对象编号放入局部变量 item 中 ❻。然后使用 append( ) 将其添加到 in_my_pockets_list 的末尾 ❼。

我们使用全局变量 item_carrying 存储玩家手中所有物品的对象编号，因此将这个变量设置为该物品的对象编号 ❽。我们将变量 selected_item 设置为列表中的最后一项，这意味着要选中玩家刚刚拾取的物品 ❾。在之后使用物品以及函数 display_inventory( ) 在屏幕上显示物品列表时，这些变量非常重要。现在，该函数只是在命令行窗口中将列表输出出来。

最后，我们在道具字典中将道具的位置设置为 0 号房间 ❿。这意味着刚刚拾取的物品不会在游戏地图中的任何地方显示。如果我们不这样做，则当玩家下次进入房间时，该物品会再次出现在房间中。

## 2. 添加键盘控制

为了使新函数发挥作用，我们还需要添加可以使用键盘控制的代码。这里将 G 键用作拾取键。

将代码段 listing 9-6 中的新指令放在程序 GAME LOOP 部分的函数 game_loop( ) 中。新指令在离开房间之后检查代码，如果玩家站在不应该的地方就将其移回原位之前。

listing 9-6.py
```
--snip--
        player_frame = 0
        start_room()
        return

❶    if keyboard.g:
❷        pick_up_object()

    # 如果玩家站在不应该站的地方，则将它们移回原处
    if room_map[player_y][player_x] not in items_player_may_stand_on: #\
    #        or hazard_map[player_y][player_x] != 0:
--snip--
```

代码段 listing 9-6　添加键盘控制

你需要将第一条新指令缩进四个空格 ❶，因为它位于函数 game_loop( ) 中。将第二条新指令再缩进四个空格 ❷，因为它属于上面的 if 指令。当玩家按下 G 键时 ❶，则会运行函数 pick_up_object( )❷。

将代码另存为 listing9-6.py。当运行 pgzrun listing9-6.py 时，你应该就能够拾取物品了。

在第一个房间的空气罐上测试一下。只要走到上面并按 G 键即可。你会听到一段音效并看到一条消息，同时该物品将从房间中消失。

每次拾取物品时，命令行窗口（输入 pgzrun 指令的位置）也会显示清单列表，如下所示：

```
[55, 59]
```

每次你都会看到一个新物品添加到列表的末尾。游戏开始时，55 号物品（溜溜球）就在你的口袋里了。

## 9.5 添加清单相关的函数

现在，你可以在空间站周围拾取道具了。我们应该添加一种简便的方法来查看你携带的物品并选择要使用的物品。我们将创建一个新的函数 display_inventory( )，该函数将在游戏窗口顶部以一排条状形式显示玩家携带的物品。

然后，我们将添加控制部分，以便玩家可以通过 Tab 键来选择列表中的下一项。所选物品的周围会有一个方框，而对应物品的说明会显示在下方。图 9-2 显示了我们在游戏中看到的效果。

图 9-2　游戏窗口顶部的清单

### 1. 显示物品清单

代码段 listing 9-7 显示了要添加的代码。代码段 listing 9-5 中包含了一些函数 display_inventory( ) 的代码，这里要用新代码替换它，将程序另存为 listing9-7.py。当使用 pgzrun listing9-7.py 来运行程序时，你在收集物品时将在屏幕顶部看到添加到清单中的物品。

listing 9-7.py
```
--snip--
    selected_item = len(in_my_pockets) - 1
    display_inventory()
    props[item][0] = 0 # Carried objects go into room 0 (off the map).

def display_inventory():
❶   box = Rect((0, 45), (800, 105))
    screen.draw.filled_rect(box, BLACK)

❷   if len(in_my_pockets) == 0:
        return

❸   start_display = (selected_item // 16) * 16
❹   list_to_show = in_my_pockets[start_display : start_display + 16]
❺   selected_marker = selected_item % 16

❻   for item_counter in range(len(list_to_show)):
        item_number = list_to_show[item_counter]
        image = objects[item_number][0]
❼       screen.blit(image, (25 + (46 * item_counter), 90))
```

```
       box_left = (selected_marker * 46) - 3
❽      box = Rect((22 + box_left, 85), (40, 40))
       screen.draw.rect(box, WHITE)
       item_highlighted = in_my_pockets[selected_item]
       description = objects[item_highlighted][2]
❾      screen.draw.text(description, (20, 130), color="white")


###############
##   START   ##
###############

clock.schedule_interval(game_loop, 0.03)
generate_map()
clock.schedule_interval(adjust_wall_transparency, 0.05)
❿ clock.schedule_unique(display_inventory, 1)
```

代码段 listing 9-7　显示物品清单

新的函数 display_inventory( ) 首先在清单区域上绘制一个黑框以清除它 ❶。如果玩家没有携带任何东西，则该函数将直接返回，不会执行任何进一步的操作，因为没有可显示的物品 ❷。

屏幕上只能显示 16 个物品，但是玩家可以携带的物品更多。如果列表 in_my_pockets 太长而无法显示在屏幕上，则程序将一次显示 16 个物品。玩家可以通过 Tab 键在屏幕上显示的物品中从左到右进行选择。如果选择了显示的最后一项，则接着按 Tab 键的话，会显示列表的下一部分。如果玩家在列表的最后一项上按下 Tab 键，则会返回到列表的开始部分。

我们将当前显示在屏幕上的列表 in_my_pockets 的一部分存储在另一个名为 list_to_show 的列表中，并使用循环来显示它 ❻。循环将显示物品的序号存入名为 item_counter 的变量中，该变量用于提取正确的图像，并计算出图像绘制的位置 ❼。

在确定哪些物品应放入 list_to_show 中的时候使用了一点小技巧。在变量 start_display 中，存储的是 in_my_pockets 中程序要绘制的第一个物品的序列号 ❸。运算符 // 会将所选中的物品序列号除以 16，然后舍去小数部分。之后将结果乘以 16，从而得到要绘制的第一个物品的序列号。例如，如果所选物品的序列号为 9，则需要将 9 除以 16（得 0.5625），舍去小数部分（得 0），再乘以 16（仍为 0），得到的结果为 0。这是列表的开头，这样做是非常有必要的，因为屏幕上只能显示 16 个物品，而 9 小于 16。如果要查看序列号为 22 的物品，则将 22 除以 16（1.375），舍去小数部分（1），然后乘以 16，得到的结果为 16。这是下一批显示物品中的第一个，因为第一批的序列号是 0~15。

我们使用被称为列表分割的功能来创建列表 list_to_show，这种功能可以仅使用列表的一部分。当你为 Python 提供两个列表序列号并且两个序列号之间用冒号衔接时，程序将分割出该列表对应的那一部分。我们使用的部分是从 start_display 开始，在 15 项之后结束 ❹。列表分割会忽略最后一项，因此我们使用 start_display + 16 作为截止点。

我们还需要进行另一个计算，该计算用来在新列表中找到要突出显示的选中物品 ❺。这个序列号介于 0~15 之间，我们将其存储在 selected_marker 中。计算方法是将所选物品编号除以 16 求余数。例如，如果所选物品编号为 18，则在显示第二组物品时它的序列号为 2（记住，第一项的序列号为 0）。Python 具有求余的模运算符 %，你可以用它来计算。

为了突出显示屏幕上的选中物品，我们会使用 Rect 在物品周围绘制一个框 ❽。与实心的矩形不同（例如 ❶），这条指令绘制了一个有白色边框的空心矩形。

所选物品的描述显示在清单的下方 ❾，这样玩家可以通过 Tab 键浏览物品以再次阅读物品的描述。

最后，在程序首次运行时，它需要显示清单。为了避免在 Pygame Zero 完成启动之前尝试使用 screen.blit( ) 指令而可能出现的问题，程序中设定了一些延迟 ❿。使用 clock.schedule_interval( ) 能够定期运行函数，而使用 clock.schedule_unique( ) 是延迟一段时间运行函数，且仅运行一次函数。

## 2. 添加 Tab 键控制

当程序运行时，你应该可以看到清单，不过目前还无法在各个物品间切换，所以此时始终选择的是你最新拾取的物品。下面让我们添加键盘控制，使你可以在清单中浏览选择其他物品。

将代码段 listing 9-8 中的新内容放入函数 game_loop( ) 中，就放在代码段 listing 9-6 中添加的可用键盘控制拾取物品的代码之后。你需要将它们缩进至少四个空格，因为它们位于函数 game_loop( ) 中。

listing 9-8.py

```
        --snip--
            if keyboard.g:
                pick_up_object()

❶          if keyboard.tab and len(in_my_pockets) > 0:
❷              selected_item += 1
❸              if selected_item > len(in_my_pockets) - 1:
                    selected_item = 0
❹              item_carrying = in_my_pockets[selected_item]
❺              display_inventory()

❻          if keyboard.d and item_carrying:
❼              drop_object(old_player_y, old_player_x)

❽          if keyboard.space:
❾              examine_object()
        --snip--
```

代码段 listing 9-8　使用 Tab 键选择清单中的物品

将代码另存为 listing9-8.py。当你使用 pgzrun listing9-8.py 来运行程序后，就可以按 Tab 键来选择清单中的其他物品了（Tab 键通常在键盘的左侧，按键上可能会有两个箭头的符号）。

在测试新增加的键盘控制功能之前，请先拾取一些物品，或者跳到下一节，以便在清单中填充更多的测试物品。

当玩家按下 Tab 键时，第一条指令会运行，但前提是列表 in_my_pockets 中包含了一些物品（其长度大于 0）❶。

为了选择清单中的下一个物品，我们要在按下 Tab 键时将变量 selected_item 增加 1 ❷。此变量存储的是序列号（从 0 开始），因此程序还会将该变量与列表长度减 1 的值进行比较，以查看 selected_item 现在是否超出了列表的末尾 ❸。如果是，则将 selected_item 再次重置为第一项 0。

我们将变量 item_carrying 设置为所选物品的对象编号（从列表 in_my_pockets 中获取）❹。例如，如果列表 in_my_pockets 中包含对象编号 55 和 65，并且 selected_item 为 0，则 item_carrying 就是 55（in_my_pockets 中的第一项）。最后，使用之前创建的函数 display_inventory( ) 显示清单 ❺。

在完成这一部分的程序时，我们还添加了用于丢弃和检查物品的键盘控制代码。当玩家按 D 键并且变量 item_carrying 不是 False 时，函数 drop_object( ) 将运行 ❻。该函数会发送玩家旧的 y 和 x 坐标位置给丢弃的物品 ❼。记住，由于我们在循环 game_loop( ) 中，所以玩家的当前位置可能在墙内。我们知道，将物品放在动作之前的位置是肯定没有问题的。

我们还添加了在按下空格键时 ❽ 启动函数 examine_object( ) ❾ 的指令。

目前不要在游戏中按 D 键或空格键：按下它们将导致程序崩溃，因为我们尚未为其添加函数。不过这个工作我们马上就会完成。

### 3. 测试清单

我们希望测试该程序的正确性，不过目前你的清单中没有那么多的物品。为了节省时间，我们将对代码进行调整，为你提供更完整的清单，以便你可以测试显示和 Tab 键控制功能。

我们将在游戏开始时使用物品填充列表 in_my_pockets。最快的方法是在程序的 PROPS 部分更改设置该列表的指令，如下所示（不过不要这样做！）：

```
in_my_pockets = items_player_may_carry
```

这样做意味着你开始游戏时就会携带上所有可携带的物品，如果这样可能会破坏游戏的乐趣，因为你可能会提前携带上一些你在游戏后期才能看到的物品，它会使一些谜题的答案变得显而易见，从而减少了游戏的乐趣。

因此，我建议你创建这样的测试列表：

```
in_my_pockets = [55, 59, 61, 64, 65, 66, 67] * 3
```

这一行创建的列表会包含后面的物品列表 3 次，即你最终获得的清单中的每个物品都有 3 个（这在实际游戏中是不可能的），但是当包含了 16 个以上的物品时，这样能够测试你的清单是否正常工作。

完成测试后，记住再次更改代码。否则，你可能会在玩游戏时得到意外的结果。更改之后的代码应如下所示：

```
in_my_pockets = [55]
```

## 9.6 放下物品对象

能够收集散布在空间站中的东西很有趣，但是有时候你需要将它们放下，这样你就可以使用它或将其放置在某个地方。我们需要两个新函数来放置物品，这些函数的作用与拾取物品的函数相反。

函数 drop_object( )（与函数 pick_up_object( ) 相反）可让你将一个物品放置在玩家最近站立的地面上。代码段 listing 9-8 中添加了键盘控制代码以启动此函数。

类似地，函数 remove_object( ) 与函数 add_object( ) 相反：它将物品从清单中取出并更新。

将代码段 listing 9-9 中所示的新函数添加到程序 PROP INTERACTIONS 部分的末尾。将新程序另存为 listing9-9.py。

listing 9-9.py

```
--snip--
    description = objects[item_highlighted][2]
    screen.draw.text(description, (20, 130), color="white")

❶ def drop_object(old_y, old_x):
    global room_map, props
❷   if room_map[old_y][old_x] in [0, 2, 39]: # 可以放东西的地方
❸       props[item_carrying][0] = current_room
        props[item_carrying][1] = old_y
        props[item_carrying][2] = old_x
❹       room_map[old_y][old_x] = item_carrying
        show_text("You have dropped " + objects[item_carrying][3], 0)
        sounds.drop.play()
❺       remove_object(item_carrying)
        time.sleep(0.5)
❻   else: # 仅当这里已经有道具时才会发生
        show_text("You can't drop that there.", 0)
        time.sleep(0.5)

  def remove_object(item): # 从清单中取出物品
    global selected_item, in_my_pockets, item_carrying
❼   in_my_pockets.remove(item)
❽   selected_item = selected_item - 1
❾   if selected_item < 0:
        selected_item = 0
❿   if len(in_my_pockets) == 0: # 如果它们没有携带任何东西
        item_carrying = False # 将 item_carrying 设置为 False
    else: # 否则将其设置为新选择的物品
        item_carrying = in_my_pockets[selected_item]
    display_inventory()


###############
##   START   ##
###############
--snip--
```

代码段 listing 9-9　添加放下物品对象的函数

当你使用 pgzrun listing9-9.py 来运行程序后，就可以放下物品对象了。其中包括你在开始游戏时所携带的溜溜球以及在探索空间站时拾取的任何新物品。

函数 drop_object( ) 需要两条信息：玩家旧的 y 和 x 坐标位置。如果玩家这次通过函数 game_loop( ) 进行了移动，这将会是在他们尝试移动之前所处的位置。如果不是，这些数字将与当前位置相同。我们知道这是一个放置物品的明智之选，这样不会将物品放到墙里。玩家的旧位置会存入该函数里的变量 old_y 和 old_x 中 ❶。

程序会检查玩家原来位置的房间地图数据是否为地面类型。如果是 ❷，则可以在此处放置道具，对应的放置物品的指令会运行。如果不是 ❻，玩家会看到一条消息，告诉他们不能将物品放在这里。例如，如果该位置已经有了一个道具，则会发生这种情况。

如果玩家可以放下物品，我们需要更新道具字典。变量 item_carrying 包含了玩家携带物品的编号。它在 props 词典中的条目是一个列表。第一个列表项（序列号 0）是道具所在的房间，第二项（序列号 1）是其 y 位置，第三项（序列号 2）是其 x 位置。将这些值设置为当前的房间号以及玩家旧的位置 ❸。

当前房间的房间地图也需要更新，因为房间包含了丢弃的物品 ❹。游戏将显示一条消息并播放声音，以告知玩家他们已成功放下了某样东西，然后使用函数 remove_object( ) 将其从清单中移除 ❺。

函数 remove_object( ) 会从玩家的清单中获取一个物品，并更新变量 selected_item。发送给该函数的对象编号存储在变量 item 中，然后 remove( ) ❼ 会将其从列表 in_my_pockets 中删除。既然已删除了所选项，则变量 selected_item 的值将减 1 ❽，因此现在所选择的物品是清单中的上一个物品。如果所选项现在小于 0，则变量 selected_item 将重置为 0 ❾。如果玩家从其清单中放下了第一个物品，就会发生这种情况。

如果玩家的手上没有物品，则将变量 item_carrying 设置为 False ❿。否则，将其设置为所选物品的编号。最后，display_inventory( ) 将重绘清单以显示该物品已被删除。

---

**练习任务#1**

是时候安全地进行练习了。你能拾起空气罐并将其放到病床边上吗？将其放在中间那张床的附近。要测试程序是否正常运行，可以在放下物品之后离开房间，然后再回来看看放下的物品是否还在。

---

## 9.7 检查物品对象

探索空间站时，你需要仔细研究物品，以了解它们可能对你的任务有什么帮助。检查指令将显示对物品的详细描述，适用于布景和道具。通过检查物品对象，有时还可能会找到其他物品对象。例如，当你检查橱柜时，可能会在橱柜中发现一些东西。

按下空格键将触发函数 examine_object( )（前面已在代码段 listing 9-8 中添加了键盘控制代码）。将新函数（见代码段 listing 9-10）放在代码段 listing 9-9 中添加的函数 remove_object( ) 之后。

将你的程序另存为 listing9-10.py，并使用 pgzrun listing9-10.py 来运行该程序。现在，你可以走到物品对象上按空格键来检查物品对象了。例如，当你来到房间后面的墙体前按下向上方向键和空格键时，则可以检查墙体。

listing 9-10.py

```
--snip--
            item_carrying = in_my_pockets[selected_item]
        display_inventory()

    def examine_object():
❶       item_player_is_on = get_item_under_player()
❷       left_tile_of_item = find_object_start_x()
❸       if item_player_is_on in [0, 2]: # 不用描述地面
            return
❹       description = "You see: " + objects[item_player_is_on][2]
❺       for prop_number, details in props.items():
            # props = object number: [room number, y, x]
❻           if details[0] == current_room: # 如果道具在房间里
                # 如果道具是隐藏的（＝在玩家的位置上但不在地图上）
                if (details[1] == player_y
                    and details[2] == left_tile_of_item
                    and room_map[details[1]][details[2]] != prop_number):
❼                   add_object(prop_number)
❽                   description = "You found " + objects[prop_number][3]
                    sounds.combine.play()
❾       show_text(description, 0)
❿       time.sleep(0.5)

    ###############
    ##   START   ##
    ###############
    --snip--
```

代码段 listing 9-10　添加检查物品对象的代码

代码段 listing 9-10 以本章中添加的函数为基础。首先是获得玩家想要检查的物品对象编号，并将其存储在 item_player_is_on 中 ❶。这时在函数 game_loop( ) 中，玩家的位置将位于他们想检查的物品上，或者在检查的对象内，比如一些布景。我们将物品对象的起始 x 位置放入变量 left_tile_of_item 中 ❷。如果在玩家的位置没有要检查的物品，则函数不会执行任何操作，直接结束 ❸。忽略空的地方比描述地面要更好一些，特别是当你不小心按了按键之后。如果玩家所在的位置有物品，则物品对象的描述将存入变量 description 中，该变量取自对象字典的详细描述 ❹。

然后，程序会检查玩家正在检查的物品内是否有隐藏的物品。我们使用循环来遍历 props 字典中的所有对象 ❺。如果某件物品位于玩家所在房间的当前位置上，但该位置处的房间地图不包含该道具编号 ❻，则表示该物品是隐藏的。因此，我们要将隐藏的对象物品添加到玩家的清单中 ❼，并向玩家发送一条消息，告诉他们找到了什么东西。此消息使用物品对象的简短描述来告诉他们所找到的物品 ❽。

该函数的末尾将显示物品描述 ❾，并且会暂停一下，以防止在玩家按住该键时会马上将显示的信息覆盖 ❿。

如果你想在自己设计的游戏中将道具隐藏在布景中，要确保你为玩家提供了有关隐藏物品对象的提示。在 *Escape* 游戏中，你可能会在橱柜中找到物品对象。如果你发现不寻常的事物，通常最好是仔细检查一下，有可能会发现一些其他有趣的事物。不过，你不需要检查所有椅子、床和墙体。

如果你决定将道具隐藏在较宽的布景中（例如床），请确保将道具隐藏在布景项的

x 位置，而不是在房间地图中被 255 覆盖的位置。

### 练习任务#2

你可以找到 MP3 播放器吗？它在第 4 章中你的朋友 FRIEND2 的睡眠区。如果你使用的是我的代码，则其位于 Leo 的睡眠区。

现在，所有道具都已经放好了，你可以放松一下，玩玩悠悠球，看看能找到什么。在下一章中，你将在程序中添加一个新部分，让你可以使用拾取的道具。

## 9.8 你掌握了么

确认以下内容，以检查你是不是已经了解了本章的关键内容。

❑ 有关道具位置的信息存储在道具字典中。

❑ 道具编号是字典的键，每个条目都包含一个列表，其中有房间号以及道具的 y 和 x 坐标位置。

❑ 要从函数接收数字，先要设置一个变量用来在调用函数时存储该信息。例如，variable_name = function_name( )。

❑ 要从函数返回一个数字（或其他信息），要使用 return 指令。

❑ 运算符 // 用于获取除法中的整数值，结果会删除所有的小数部分。

❑ 运算符 % 用于获取除法中的余数：5%2 得 1。

❑ 你可以更改变变量和列表的值以帮助测试程序，例如，在开始时创建完整的清单。**一定要记得之后再把它们改回来！**

❑ 你可以将道具隐藏在布景中，但要确保它们位于布景的开始位置，并给玩家提供必要的提示。

## 任务汇报

这是本章中练习任务的答案。

### 练习任务 #1

空气罐在游戏开始的房间中（31 号）。病床位于 41 号房间。从开始的房间向右走，一直向下，然后向左再向上。

### 练习任务 #2

它在 47 号房间的柜子里。从开始的房间（31 号）一直向下。

# 第 **10** 章

## 使用物品

你已经在游戏中放好了道具,因此在本章中,你将继续添加代码让航天员能够使用物品,甚至将它们组合起来以制造新的物品,这些技能对于你的任务至关重要。你将有机会练习这些技能,所以说你已做好准备以面对任何局面。

本章中的代码比你最近看到的代码都简单,并且包含了 *Escape* 游戏中许多谜题的答案。因此,我不会有太多提示,不会解释所有物品和解决方案。例如,有时你可能会在代码中看到一个对象编号,但是我不会告诉你该对象的名称。

如果你在玩游戏时遇到麻烦,可以阅读代码并通过字典 objects 来确定是哪些对象(参阅第 5 章中的代码段 listing 5-6 和代码段 listing 5-8)。不过,那应该是最后的选择。你可以像航天员一样思考,解决所有谜题。你可以问问自己:你可以从哪里得到帮助?你如何使用某些物品?

## 10.1　添加使用物品的键盘控制

我们将在函数 game_loop( ) 中添加键盘控制。打开 listing 9-10.py,这是你在第 9 章的最后程序。我们将以该程序为基础。

代码段 listing 10-1 展示了要在函数 game_loop( ) 中添加的新指令,位置放在上一章中添加的用于放下和检查的键盘控制代码之后。当玩家按下 U 键时,这些指令将启动函数 use_object( )。将程序另存为 listing10-1.py。暂时不要运行该程序:它没有什么新的操作,但是此时如果你按 U 键的话,程序会崩溃。

listing 10-1.py  `--snip--`

```
    if keyboard.space:
```

```
        examine_object()

    if keyboard.u:
        use_object()
--snip--
```

代码段 listing 10-1　添加使用物品的键盘控制

## 10.2　添加使用物品对象的标准消息

使用对象的函数很长，因此我在程序中指定了它自己的部分。将新的 USE
OBJECTS 部分放在第 9 章中添加的 PROP INTERACTIONS 部分之后。代码段 listing
10-2 展示了这个新部分的开始。位置就放在函数 examine_object( ) 结束之后，START
部分之前。

listing 10-2.py

```
--snip--
    show_text(description, 0)
    time.sleep(0.5)


#################
## USE OBJECTS ##
#################

def use_object():
    global room_map, props, item_carrying, air, selected_item, energy
    global in_my_pockets, suit_stitched, air_fixed, game_over

❶   use_message = "You fiddle around with it but don't get anywhere."
❷   standard_responses = {
        4: "Air is running out! You can't take this lying down!",
        6: "This is no time to sit around!",
        7: "This is no time to sit around!",
        32: "It shakes and rumbles, but nothing else happens.",
        34: "Ah! That's better. Now wash your hands.",
        35: "You wash your hands and shake the water off.",
        37: "The test tubes smoke slightly as you shake them.",
        54: "You chew the gum. It's sticky like glue.",
        55: "The yoyo bounces up and down, slightly slower than on Earth",
        56: "It's a bit too fiddly. Can you thread it on something?",
        59: "You need to fix the leak before you can use the canister",
        61: "You try signalling with the mirror, but nobody can see you.",
        62: "Don't throw resources away. Things might come in handy...",
        67: "To enjoy yummy space food, just add water!",
        75: "You are at Sector: " + str(current_room) + " // X: " \
            + str(player_x) + " // Y: " + str(player_y)
        }

    # 获取玩家所在位置的对象编号
❸   item_player_is_on = get_item_under_player()
❹   for this_item in [item_player_is_on, item_carrying]:
❺       if this_item in standard_responses:
❻           use_message = standard_responses[this_item]
```

```
❼          show_text(use_message, 0)
           time.sleep(0.5)


           ##############
           ##   START   ##
           ##############
           --snip--
```

代码段 listing 10-2　添加使用物品对象的第一部分代码

　　代码段 listing 10-2 展示了函数 use_object( ) 的第一部分。我们将在本章后续的代码段中对这一部分进行补充。在该函数的末尾,程序向玩家显示了一条消息,告诉他们尝试使用该对象时会发生什么 ❼,该消息在变量 use_message 中。在函数的开始,我们将其设置为一个错误消息 ❶。之后如果使用了一个对象,则会变为成功的消息。

　　一些对象在游戏中没有实际功能,但是在尝试使用它们时会奖励玩家一条消息。这些消息可以是线索,也可以是游戏故事。字典 standard_responses 包含了一些消息,用于在玩家使用某些对象时向他们展示 ❷。字典的键是对象编号。例如,如果他们想使用床(太懒了吧!),即 4 号对象,则他们会看到消息 " You can't take this lying down!(你不能躺下!)"。

　　变量 item_the_player_is_on 存储的是房间中玩家的位置对应的对象编号 ❸。玩家可以使用他们携带的物品或是所在位置的物品。我们设置了一个循环来遍历包含两个物品的列表:玩家所在位置的物品对象编号和玩家携带物品的对象编号 ❹。如果它们中的任何一个是字典 standard_responses 的键 ❺,则变量 use_message 都会更新为该字典中对象的消息 ❻。在两个物品都有标准消息的时候,该程序会优先处理你携带的物品。

　　将文件另存为 listing10-2.py。使用 pgzrun listing10-2.py 来运行它。要测试程序是否有效,可以按 U 键来使用你携带的悠悠球看看效果。

## 10.3　添加游戏进度变量

　　我们需要向程序中添加一些新的变量,以存储有关玩家游戏进度的重要数据:
- air,以百分比形式存储你可用的空气量
- energy,以百分比形式存储能量值,如果你受伤的话会减少能量
- suit_stitched,存储 True 或 False 值,具体取决于航天服是否已修复
- air_fixed,存储 True 或 False 值,具体要看空气罐是否已固定

　　将变量添加到 VARIABLES 部分的末尾,见代码段 listing 10-3。将更新后的程序另存为 listing10-3.py。如果你运行该程序,不会有什么新的变化:虽然我们已经设置了一些变量,但尚未对它们进行处理。

listing 10-3.py
```
--snip--
GREEN = (0, 255, 0)
RED = (128, 0, 0)
```

```
air, energy = 100, 100
suit_stitched, air_fixed = False, False
launch_frame = 0



###############
##   MAP    ##
###############
--snip--
```

代码段 listing 10-3　添加游戏进度变量

## 10.4　添加特定对象的操作

函数 use_object( ) 的下一个阶段是检查特定对象，以查看它们是否有可以执行的操作。这些检查将覆盖之前可能设置的所有标准消息，见代码段 listing 10-4。由于这些代码位于函数 use_object( ) 内部，因此它们至少缩进四个空格。将你的程序另存为 listing10-4.py，使用 pgzrun listing10-4.py 来运行它。

listing 10-4.py

```
--snip--
          if this_item in standard_responses:
              use_message = standard_responses[this_item]

❶      if item_carrying == 70 or item_player_is_on == 70:
            use_message = "Banging tunes!"
            sounds.steelmusic.play(2)

❷      elif item_player_is_on == 11:
❸          use_message = "AIR: " + str(air) + \
                          "% / ENERGY " + str(energy) + "% / "
            if not suit_stitched:
                use_message += "*ALERT* SUIT FABRIC TORN / "
            if not air_fixed:
                use_message += "*ALERT* SUIT AIR BOTTLE MISSING"
            if suit_stitched and air_fixed:
                use_message += " SUIT OK"
            show_text(use_message, 0)
            sounds.say_status_report.play()
            time.sleep(0.5)
            # 如果 "打开" 计算机，则说明玩家希望知道最新的状态
            # 返回以防止使用另一个对象覆盖了当前的操作
❹          return

        elif item_carrying == 60 or item_player_is_on == 60:
❺          use_message = "You fix " + objects[60][3] + " to the suit"
            air_fixed = True
            air = 90
            air_countdown()
            remove_object(60)

        elif (item_carrying == 58 or item_player_is_on == 58) \
            and not suit_stitched:
            use_message = "You use " + objects[56][3] + \
                          " to repair the suit fabric"
```

```
                suit_stitched = True
                remove_object(58)


        elif item_carrying == 72 or item_player_is_on == 72:
            use_message = "You radio for help. A rescue ship is coming. \
Rendezvous Sector 13, outside."
            props[40][0] = 13

        elif (item_carrying == 66 or item_player_is_on == 66) \
                and current_room in outdoor_rooms:
            use_message = "You dig..."
            if (current_room == LANDER_SECTOR
                and player_x == LANDER_X
                and player_y == LANDER_Y):
                add_object(71)
                use_message = "You found the Poodle lander!"

    elif item_player_is_on == 40:
        clock.unschedule(air_countdown)
        show_text("Congratulations, "+ PLAYER_NAME +"!", 0)
        show_text("Mission success! You have made it to safety.", 1)
        game_over = True
        sounds.take_off.play()
        game_completion_sequence()

    elif item_player_is_on == 16:
        energy += 1
        if energy > 100:
            energy = 100
        use_message = "You munch the lettuce and get a little energy back"
        draw_energy_air()

    elif item_carrying == 68 or item_player_is_on == 68:
        energy = 100
        use_message = "You use the food to restore your energy"
        remove_object(68)
        draw_energy_air()

    if suit_stitched and air_fixed: # 打开气闸门
        if current_room == 31 and props[20][0] == 31:
            open_door(20) # 包括把门移开
            sounds.say_airlock_open.play()
            show_text("The computer tells you the airlock is now open.", 1)
        elif props[20][0] == 31:
            props[20][0] = 0 # 把门从地图上移除
            sounds.say_airlock_open.play()
            show_text("The computer tells you the airlock is now open.", 1)

    show_text(use_message, 0)
    time.sleep(0.5)



###############
##  START  ##
###############
--snip--
```

代码段 listing 10-4    添加了使用某些对象的能力

代码段 listing 10-4 包含了一系列的指令，用于检查正在使用的对象是否是特定的对象编号。如果是，则执行该对象的指令。

例如，如果玩家所在位置的物品对象编号或携带物品的对象编号是 70 ❶，即 MP3 播放器，则他们将看到一条消息 "Banging tunes!（播放声音）" 并听到一段音乐。如果玩家使用计算机 ❷，则显示的消息是由变量 air 和 energy 组合而成的，同时还有航天服或空气瓶的故障警报。另外这里还有一段文字为 "status report!" 的计算机语音音效。

我在这组指令的末尾添加了一个 return 指令 ❹，以防止玩家不小心使用了另一个对象。如果我们未包含 return 指令，则玩家可能会使用他们携带的其他道具代替了使用计算机的操作。控制简单意味着玩家在使用物品上可能有些歧义，但是游戏设计的宗旨是优先帮助玩家完成游戏。

在一些地方，我使用了对象字典中的简短描述，而不是在字符串中输入对象的名字 ❺。这是为了防止你在代码中看到任何提示！

行尾的符号 \ ❸ 是告诉 Python 下一行还是属于当前行的指令。程序中的某些行很长，所以我使用这个符号将它们分解成多行，以适应书本的宽度。

试着测试一部分新增的代码，比如走到一台计算机终端前面按下 U 键，你会看到更新的状态。再比如找到 MP3 播放器，你能够听到它播放的声音。

**警告：** 输入代码段 listing 10-4 中的对象编号和其余代码时要特别小心。如果你在此处输入错误，则可能无法完成游戏中的谜题！

## 10.5　组合物品

游戏中的某些谜题要求你一起使用几个对象。例如，你可以使用一个对象作为对另一对象进行操作的工具，或者将两个对象连接在一起。举例来说，其中一个谜题是要求你将 GPS 模块插入定位系统。找到这两个部件时，你需要将它们结合起来以构成一个可以正常工作的定位系统。要使用两个对象，可以在清单中选择一个，然后移动到另一个之上。你可能需要将一个物品从清单中放到地面上，这样就可以和携带的另一个物品一起使用了。

在 *Escape* 游戏引擎中，这种组合称为 recipes（配方）。一个配方是在一个列表中包含 3 个对象编号。前两个是合并的物品，第 3 个是它们合并后生成物品的对象编号。举例如下：

```
[73, 74, 75]
```

73 号对象（GPS 模块）加上 74 号对象（定位系统）就构成了 75 号对象（工作的定位系统）。

当你合并对象时，新的对象将放入清单当中。如果你组合的对象是道具，则要从游戏中删除它们。有时其中一个是布景，所以要保留在游戏中。

代码段 listing 10-5 展示了配方的列表。将其添加到设置道具信息的程序的 PROPS 部分的末尾。将文件另存为 listing10-5.py。如果你运行程序，此时不会有什么变化，但是它将检查新数据是否正确。

listing 10-5.py
```
--snip--
in_my_pockets = [55]
selected_item = 0 # the first item
item_carrying = in_my_pockets[selected_item]

RECIPES = [
    [62, 35, 63], [76, 28, 77], [78, 38, 54], [73, 74, 75],
    [59, 54, 60], [77, 55, 56], [56, 57, 58], [71, 65, 72],
    [88, 58, 89], [89, 60, 90], [67, 35, 68]
    ]

checksum = 0
check_counter = 1
for recipe in RECIPES:
    checksum += (recipe[0] * check_counter
                 + recipe[1] * (check_counter + 1)
                 + recipe[2] * (check_counter + 2))
    check_counter += 3
print(len(RECIPES), "recipes")
assert len(RECIPES) == 11, "Expected 11 recipes"
assert checksum == 37296, "Error in recipes data"
print("Recipe checksum:", checksum)


#######################
## PROP INTERACTIONS ##
#######################
--snip--
```

代码段 listing 10-5　向 *Escape* 游戏添加配方

现在，在函数 use_object( ) 结尾处添加代码来使用配方，见代码段 listing 10-6。将其添加到函数 use_object( ) 中，并将程序另存为 listing10-6.py。使用 pgzrun listing10-6.py 来运行程序，现在你应该就能够组合物品了。

listing 10-6.py
```
--snip--
                sounds.say_airlock_open.play()
                show_text("The computer tells you the airlock is now open.", 1)

❶       for recipe in RECIPES:
❷           ingredient1 = recipe[0]
            ingredient2 = recipe[1]
            combination = recipe[2]
❸           if (item_carrying == ingredient1
                and item_player_is_on == ingredient2) \
❹           or (item_carrying == ingredient2
                and item_player_is_on == ingredient1):
❺               use_message = "You combine " + objects[ingredient1][3] \
                              + " and " + objects[ingredient2][3] \
                              + " to make " + objects[combination][3]
❻               if item_player_is_on in props.keys():
❼                   props[item_player_is_on][0] = 0
❽                   room_map[player_y][player_x] = get_floor_type()
```

```
⑨              in_my_pockets.remove(item_carrying)
⑩              add_object(combination)
               sounds.combine.play()

      show_text(use_message, 0)
      time.sleep(0.5)
--snip--
```

代码段 listing 10-6    在游戏中组合物品

你可能会发现你现在能理解这段新代码是如何工作的了：因为它就是结合了我们之前的想法。我们使用循环遍历了列表 RECIPES 中的所有配方 ❶，并且每次都会有新配方存入配方列表。我们将成分和组合的对象编号放入变量中，以使函数更易于理解 ❷。

该程序会检查玩家是否携带着第一个成分对象移动到了第二成分对象上 ❸，或者反过来 ❹。如果是这样，则更新 use_message 以告诉玩家合并了什么，组合成了什么 ❺。

合成组合对象时，通常会替换成分对象。但是，如果其中一个对象是布景而不是道具，那么它将保留在游戏中。因此，程序会检查玩家所在位置的物品是否为道具 ❻，如果是道具的话，则将其房间号设置为 0，即从游戏中将其删除 ❼，同时还会从当前房间的房间地图中将其删除 ❽。

携带的物品也将从玩家的物品清单中被删除 ❾，而组合而成的新物品将添加到清单中 ❿。

---

### 练习任务#1

让我们做一个简单的测试，以检查组合代码是否有效。为了测试，我们需要对代码进行一些修改。在 PROPS 部分中，更改设置 in_my_pockets 的行，让你携带 73 号物品和 74 号物品：

```
in_my_pockets = [55, 73, 74]
```

现在运行程序：你将携带 GPS 模块和定位系统。放下其中一个并移动到该物品上面。选择清单中的另一个，然后按 U 键。这两个物品将合并成一个可以正常工作的系统！你可以使用它来查看你在游戏中的位置。为了确定代码有效，请再次尝试把两个物品交换，这次是放下另一个物品。

记得要把代码改回来：

```
in_my_pockets = [55]
```

---

## 10.6  添加游戏完成动画

程序的 USE OBJECTS 部分还有最后一个函数，即当玩家完成游戏后播放的简短动画：航天员乘坐的救援船起飞了。将此函数添加到 USE OBJECTS 部分的末尾，见代码段 listing 10-7：

listing 10-7.py

```
--snip--
    show_text(use_message, 0)
    time.sleep(0.5)

def game_completion_sequence():
    global launch_frame #（初始值为 0，在 VARIABLES 部分设置）
    box = Rect((0, 150), (800, 600))
    screen.draw.filled_rect(box, (128, 0, 0))
    box = Rect ((0, top_left_y - 30), (800, 390))
    screen.surface.set_clip(box)

    for y in range(0, 13):
        for x in range(0, 13):
            draw_image(images.soil, y, x)

    launch_frame += 1
    if launch_frame < 9:
        draw_image(images.rescue_ship, 8 - launch_frame, 6)
        draw_shadow(images.rescue_ship_shadow, 8 + launch_frame, 6)
        clock.schedule(game_completion_sequence, 0.25)
    else:
        screen.surface.set_clip(None)
        screen.draw.text("MISSION", (200, 380), color = "white",
                    fontsize = 128, shadow = (1, 1), scolor = "black")
        screen.draw.text("COMPLETE", (145, 480), color = "white",
                    fontsize = 128, shadow = (1, 1), scolor = "black")
        sounds.completion.play()
        sounds.say_mission_complete.play()

###############
##   START   ##
###############
--snip--
```

代码段 listing 10-7　起飞

## 10.7　探索物品对象

现在，你可以在空间站中探索寻找物品对象，并尝试使用它们有什么作用。不过，在找到所有道具并在空间站上工作之前，你需要弄清楚如何打开已将空间站的各个部分密封起来的安全门。在下一章中，你将完成空间站的设置，只有当你使用正确的门禁卡时才能打开相应的门。

你还可以使用在本章中学到的知识将自己的谜题添加到 *Escape* 游戏代码中。最简单的方法是使用标准消息（见代码段 listing 10-2）作为线索，并使用配方（见代码段 listing 10-5）来组合对象。你还可以添加简单的说明（见代码段 listing 10-4）来查看玩家是否携带了特定对象，然后增加变量 air 或 energy，显示消息或在游戏中执行其他操作。祝你探险愉快！

## 10.8  你掌握了么

确认以下内容，以检查你是不是已经了解了本章的关键内容。

❑  将使用对象的指令放在函数 use_object( ) 中。

❑  字典 standard_responses 包含了玩家何时使用特定对象的消息。

❑  对于多个对象，当玩家使用它们时，有特定的指令来更新不同的列表或变量。

❑  列表 RECIPES 存储了玩家如何在游戏中组合对象的详细信息。

❑  在配方中，前两个物品是成分对象，第三个物品是它们合并后生成的物品。

# 第11章

## 激活安全门

　　在空间站中，房门能够限制我们进入某些区域，并能确保航天员只能进入他们有权限进入的区域。许多房门需要门禁卡才能打开，而 engineering bay（工程舱）的门只能用 Mission Control（任务控制室）中的按钮打开。为了提高安全性，工程舱的门还有一个计时器以控制让房门自动关闭。

　　开关这些门还要执行安全规定，航天员在进入气闸舱之前必须穿好航天服，并在打开行星表面的门之前必须有同伴一起。游戏中监控录像显示，一些航天员已经找到一种不用同伴同行的方法，这样他们就可以享受独自在行星表面行走的宁静。

　　你在添加道具时已经将门安装在了空间站中。在本章中，你将添加用于开关房门的代码，同时还会添加其他一些技巧和谜题，这样游戏会更加有趣。

## 11.1　规划在何处放置安全门

　　门不但是空间站设计的重要组成部分，而且对游戏设计也很重要。最明显的是，它们可以用来设计一个具有挑战性的谜题：玩家需要找到一种方法来打开关闭的门。

　　门还能帮助我们讲述故事，故事中的英雄必须通过生存练习和逻辑思考来克服障碍。只有当玩家要在这些谜题上花些功夫的时候，这些谜题才令人满意。因此，控制玩家何时看到不同的谜题元素是非常重要的。假设你进入一个房间，一团大火挡住了另一个出口，而你已经携带了灭火器，那只需将灭火器打开使用即可。这没什么挑战性。如果你遇到了难题（或谜题），之后要找出对应的解决方案，那么这样的游戏就会更有趣。通过封闭部分地图，我们可以引导玩家在看到解决方案之前先发现问题。我们无法确定他们会注意到我们在路上摆放的一切，但是我们可以给他们一个选择，这会让他们更好地体验游戏。

门也使我们能够从地图中获得更多的价值。尽管装好门之后可能没感觉到额外的价值，不过我们的游戏地图并不大。如果要求玩家多次穿越比较难的房间，我们可以提供更丰富的体验和更长的游戏时间。例如，将门禁卡放在走廊的尽头，我们可以指示玩家沿走廊往回走，并要求他们在通过的门上使用门禁卡。

图 11-1 显示了游戏中门的位置。通过设置道具，只有花费很多时间，让航天员进入空间站的右上方（通过 34 号房间），才能进入 36 号房间。同时也只有进入 40 号房间，才能进入 27 号房间。通过策略性地将物品放置在上锁的房间，包括使用门禁卡，我们可以引导玩家了解游戏和故事。

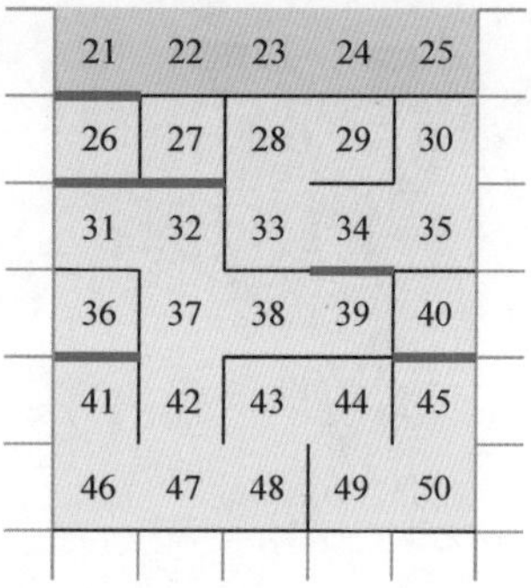

在设计自己的游戏时，请仔细考虑放置道具的位置。这是确保游戏为玩家带来愉悦挑战的最重要元素之一。

**图 11-1　添加了门的游戏地图**（门以红色显示）

## 11.2　定位房门

由于游戏是上下的视觉角度，因此在游戏中我将所有门都定位在房间的顶部或底部。如果一扇门在房间的侧面，则玩家只会看到门的顶面，我们需要确保可以清楚地看到与门同样重要的东西。

大部分门都在房间的顶部，而且玩家打开后仍保持打开状态。唯一的例外是 32 号房间和 27 号房间之间的门，这扇门具有自动关闭的计时机制。这个机制带来了另外一个挑战：玩家必须在门关闭之前冲出房间。

游戏中的门是 20 号和 26 号对象。它们的图像和说明在对象字典中设置好了（参阅 5.2 节的内容）。门的位置在道具字典中设置好了（参阅 9.1 节的内容）。每个门的 x 坐标位置都在房间的出口。要计算门的 x 坐标位置，只需将房间宽度除以 2，取整数然后减 1 即可。

现在，让我们添加一些控制代码，好让玩家能够打开门。

## 11.3　添加通行控制

为了使玩家能够打开门，我们需要在程序 USE OBJECTS 部分的函数 use_object( ) 中添加一些指令。当玩家在其中一个房间中按下按钮时，一段新代码将打开工程舱具有计时功能的门。你将在处理 16 号和 68 号对象的代码之间添加这段代码。

新增的其他代码将使玩家能够使用门禁卡打开门：将其放在使用配方的代码之后。

代码段 listing 11-1 展示了要添加的新代码。因为这些指令是函数 use_object( ) 的一部分，所以第一条指令要缩进四个空格。新 elif 指令应与其上方的 elif 指令对齐。

打开上一章中的 listing10-7.py，在其中添加这些新代码，将程序另存为 listing11-1.py。使用 pgzrun listing11-1.py 来运行它，不过我们尚未添加使门正常工作所需的所有代码，不过此时你应该看不到任何错误消息。

```
    --snip--
        elif item_player_is_on == 16:
            energy += 1
            if energy > 100:
                energy = 100
            use_message = "You munch the lettuce and get a little energy back"
            draw_energy_air()

❶      elif item_player_is_on == 42:
❷          if current_room == 27:
❸              open_door(26)
❹          props[25][0] = 0 # 从 32 号房间到工程舱的门
            props[26][0] = 0 # 工程舱内的门
❺          clock.schedule_unique(shut_engineering_door, 60)
            use_message = "You press the button"
            show_text("Door to engineering bay is open for 60 seconds", 1)
            sounds.say_doors_open.play()
            sounds.doors.play()

        elif item_carrying == 68 or item_player_is_on == 68:
            energy = 100
            use_message = "You use the food to restore your energy"
            remove_object(68)
            draw_energy_air()

    --snip--

        for recipe in RECIPES:
            ingredient1 = recipe[0]
            ingredient2 = recipe[1]
    --snip--
                add_object(combination)
                sounds.combine.play()

        # {门禁卡对象编号: 门对象编号}
❻      ACCESS_DICTIONARY = { 79:22, 80:23, 81:24 }
❼      if item_carrying in ACCESS_DICTIONARY:
            door_number = ACCESS_DICTIONARY[item_carrying]
❽          if props[door_number][0] == current_room:
                use_message = "You unlock the door!"
❾              sounds.say_doors_open.play()
                sounds.doors.play()
                open_door(door_number)

        show_text(use_message, 0)
        time.sleep(0.5)

    --snip--
```

代码段 listing 11-1　添加开门的功能

打开工程舱门的按钮是 42 号对象。在工程舱外部有一个按钮可以使用，而在工程舱内部也有一个按钮，因此玩家不会被困在里面。

如果玩家使用了该按钮 ❶，则打开门的代码将运行。如果使用的是房间内的按钮 ❷，则函数 open_door( ) 被用来显示门的打开效果 ❸。我们很快就会添加这个函数。

道具字典会更新，将门的房间号更改为0，从而将门从房间中（以及从游戏中）移除 ❹。这扇门可以使用计时器，因此程序会设定一个函数在 60s 后将门关闭 ❺。如果你发现时间实在不够用，可以将 60 改为更大的数字。无论你使用的是 PC 还是 Raspberry Pi，这个数字都应该能给你足够的时间。就算在 Raspberry Pi 2 上游戏运行速度稍微慢一些，这个时间也应该是够用的。

第二段代码让玩家能够使用门禁卡开门。我们创建了一个名为 ACCESS_DICTIONARY 的新字典，该字典使用门禁卡的编号作为字典的键，并使用门的编号作为数据 ❻。例如，79 号对象（门禁卡）能够打开 22 号门。

> **提　示**
>
> 在游戏中用来打开门的对象都是门禁卡，但是如果你要修改游戏，则可以使用任何对象。你可以使用撬棍撬开门，或者如果你在制作一个魔幻的世界的游戏场景，则可以使用不同的魔法咒语来开门。只要确保玩家可以合理地想出要使用的东西即可。

当玩家按下 U 键时，如果他们选择了字典中的一个可以用于打开门的物品 ❼，并且与能够被打开的门在同一房间时 ❽，则门将被打开。我们还将播放一段计算机的语音音效"doors open（门已开）"❾。就像游戏中的其他声音一样，这只是一个录音。

## 11.4　让门打开和关闭

我们将开关门和设置门动画效果的函数放在程序新的 DOORS 部分。这一部分放在 USE OBJECTS 部分之后，START 部分之前。

代码段 listing 11-2 展示了 DOORS 部分开始所需添加的前两个函数。添加这些新的内容，并将程序另存为 listing11-2.py。此时 DOORS 部分还没有完成，门还无法使用，不过你可以运行程序（使用 pgzrun listing11-2.py）以检查错误。

listing 11-2.py

```
--snip--
        sounds.completion.play()
        sounds.say_mission_complete.play()


###############
##   DOORS   ##
###############

❶ def open_door(opening_door_number):
        global door_frames, door_shadow_frames
        global door_frame_number, door_object_number
❷      door_frames = [images.door1, images.door2, images.door3,
                       images.door4, images.floor]
        #（最后一帧是门重新出现时的阴影）
        door_shadow_frames = [images.door1_shadow, images.door2_shadow,
                              images.door3_shadow, images.door4_shadow,
                              images.door_shadow]

        door_frame_number = 0
```

```
          door_object_number = opening_door_number
❸         do_door_animation()

❹ def close_door(closing_door_number):
          global door_frames, door_shadow_frames
          global door_frame_number, door_object_number, player_y
❺         door_frames = [images.door4, images.door3, images.door2,
                         images.door1, images.door]
          door_shadow_frames = [images.door4_shadow, images.door3_shadow,
                                images.door2_shadow, images.door1_shadow,
                                images.door_shadow]
          door_frame_number = 0
          door_object_number = closing_door_number
          # 如果玩家与门在同一排，则它们一定占了门的位置
❻         if player_y == props[door_object_number][1]:
❼             if player_y == 0:  # 如果在顶部的门
❽                 player_y = 1  # 将玩家往下移
              else:
❾                 player_y = room_height - 2  # 将玩家往上移
❿         do_door_animation()


    ###############
    ##   START   ##
    ###############
    --snip--
```

代码段 listing 11-2　设置门的动画

函数 open_door( ) 和 close_door( ) 设置了开关门的动画。你已经看到了代码段 listing 11-1 中提到的函数 open_door( )❶。在代码段 listing 11-2 中，我们定义了该函数，以便玩家开门时可以运行。

门的动画有 5 帧，编号为 0 ~ 4，见表 11-1。我们将动画图像存储在名为 door_frames 的列表中❷❺，并将帧数存储在变量 door_frame_number 中。在函数 open_door( ) 和 close_door( ) 中，我们将帧数设置为 0，即第 1 帧。

表 11-1　门的动画帧

| 帧数 | 0 | 1 | 2 | 3 | 4 |
| --- | --- | --- | --- | --- | --- |
| 开门 | | | | | 最后一帧是地面（没有门） |
| 关门 | | | | | |

我们在变量 door_object_number 中存储将要开关的门的对象编号。设置变量和列表之后，将启动函数 do_door_animation( ) 来执行动画❸❿。我们马上就要添加这个函数。

关闭门的函数❹和打开门的函数❶类似，不过有两点：动画帧不同、关门时会检查玩家是不是在门的位置。

如果玩家与门的 y 坐标位置相同 ❻，则表示玩家站在门的位置。在这种情况下，如果玩家在最上面的一行 ❼，则将玩家的 y 坐标位置设置为 1❽，以将其向下移动一行。如果玩家不在最上面的一行，则将玩家的 y 坐标位置设置为从底部数的第二行 ❾，即刚好在门里面。

这意味着航天员会自行避开门，但这样也比航天员进到门里面要真实一些！

## 11.5 添加门的动画

函数 do_door_animation( ) 将管理开关门的动画。

将函数 do_door_animation( ) 放在程序 DOORS 部分中，就放在代码段 listing 11-2 中添加的函数 close_door( ) 之后。在代码段 listing 11-3 中添加新的代码，并将程序另存为 listing11-3.py。使用 pgzrun listing11-3.py 来运行此版本的游戏。现在可以实现使用门禁卡打开门了。马上我将在练习任务 #1 中告诉你如何测试。

listing 11-3.py
```
--snip--
            player_y = room_height - 2 # move them up
        do_door_animation()


def do_door_animation():
    global door_frames, door_frame_number, door_object_number, objects
❶  objects[door_object_number][0] = door_frames[door_frame_number]
    objects[door_object_number][1] = door_shadow_frames[door_frame_number]
❷  door_frame_number += 1
❸  if door_frame_number == 5:
❹      if door_frames[-1] == images.floor:
❺          props[door_object_number][0] = 0 # 从道具列表中删除门
        # 从道具中重新生成房间地图
        # 如果需要，将门放在房间里
❻      generate_map()
❼  else:
❽      clock.schedule(do_door_animation, 0.15)

###############
##   START   ##
###############
--snip--
```

代码段 listing 11-3    添加门的动画

除基本内容外，对象字典还包含用于特定对象的图像。这个新函数开始的时候会将该字典中门的图像更改为当前的动画帧图像 ❶。当重新绘制房间时，就会使用该动画帧。

然后该函数将动画帧数加 1❷，这样下次运行此函数时就可以显示下一个动画帧了。如果现在的帧数为 5，则表示我们已经到了动画的结尾 ❸。在这种情况下，我们通过查看最后一帧是不是地面来判断门是不是打开的（打开的时候没有门）❹。（序列号 -1 表示列表中的最后一项）。

如果门现在已完全打开，则更新道具数据将其房间号更改为 0，这样折扇门就从游戏中移除了 ❺。如果当前动画帧是最后一帧，则无论门是打开还是关闭，都会生

成新的房间地图 ❻，以确保在当前房间中正确添加或移除了房门。

如果当前帧不是最终的动画帧 ❼，则该函数会设置在 0.15s 后再次运行 ❽，以显示动画的下一帧。

你可能想知道为什么我没有将这两个 if 指令结合在一起 ❸❹。原因是无论门是打开还是关闭，函数 generate_map( ) 都需要在动画结束时运行。如果我们将两个 if 指令组合在一起，则此函数只会在门打开后才运行。

---

**练习任务#1**

目前的程序，门的功能应该完成了。你能测试它们是否有效吗？在会议室找到门禁卡并使用它。在会议室中，选择清单中的门禁卡并按 U 键来使用它。如果需要提示，请查看图 11-1 中的地图。会议室是 39 号房间，它的门禁卡在 41 号房间。记住人们有时会把东西收拾干净，而门禁卡可能不在视线范围内。

---

## 11.6 关闭定时门

接下来，我们需要添加一个名为 shut_engineering_door( ) 的新函数，以自动关闭通往工程舱的门。此函数设置为在门打开 60s 后运行（请参见代码段 listing 11-1），这样玩家就要在 1min 内从按钮处走到门外！

将此函数放在程序 DOORS 部分刚添加的函数 do_door_animation( ) 之后。在代码段 listing 11-4 中添加新代码，并将程序另存为 listing11-4.py，然后使用 pgzrun listing11-4.py 来运行该程序。此时你应该看不到任何错误消息。定时门现在应该可以正常工作了，不过我将向你展示一种更简便的测试方法。

listing 11-4.py

```
--snip--

    else:
        clock.schedule(do_door_animation, 0.15)

def shut_engineering_door():
    global current_room, door_room_number, props
❶  props[25][0] = 32 # 从 32 号房间到工程舱的门
❷  props[26][0] = 27 # 工程舱内的门
❸  generate_map() # 更新受影响房间的 room_map
❹  if current_room == 27:
❺      close_door(26)
❻  if current_room == 32:
❼      close_door(25)
    show_text("The computer tells you the doors are closed.", 1)
    sounds.say_doors_closed.play()


###############
##   START   ##
###############
--snip--
```

代码段 listing 11-4　为定时关闭的门添加代码

函数 shut_engineering_door( ) 会操作两个门道具，分别是 25 号对象和 26 号对象，因为玩家要根据自己所在的房间从对应的一侧看到这扇门。我们要做的第一件事是更新道具字典，这样这些门就会出现在房间中 ❶❷。

然后，我们调用函数 generate_map( ) ❸。如果玩家在有这扇门的房间中，则此函数将更新当前房间的房间地图。在其他情况下，函数 generate_map( ) 仍然会运行，但是不会有什么变化。

如果玩家在工程舱（27 号房间）❹，则会看到门（26 号对象）正在关闭 ❺，因此程序开始显示动画。如果玩家在门的另一侧（在 32 号房间中）❻，则需要让他们看到门（25 号对象）正在关闭 ❼。

**警告：** 不要混淆了门的对象号和房间号。门的对象号与它们所在的房间无关。

要测试工程舱的门是否正常工作，我们必须运行游戏，按下按钮，然后奔向工程舱的门。所以为了节省时间，这里我设计了一种解决方案，使我们能够更快地在空间站中移动。

## 11.7  添加传送器

在建造空间站时，你可能会发现如果能够立即跳转到任何房间真的会很有帮助。现在我们就使用最新的分子传输技术来安装一个传送器，可以让你在输入房间号之后就能直接进入对应的房间。当你测试游戏时，这非常有用，不过这是一项受限的技术，未经批准不能用于空间站的实际任务。在最终完成游戏之前，你需要将其删除。我相信你会对这个高度机密的技术保密的。

将传送器代码与其他玩家的玩家控制代码一起放置在程序 GAME LOOP 部分的函数 game_loop( ) 中。我建议你在使用函数 use_object 之后添加它。由于这些指令在函数内部，因此你需要将 if 指令缩进 4 格，然后将其下的指令再缩进 4 格。

在代码段 listing 11-5 中添加新的内容，然后将文件另存为 listing11-5.py。使用 pgzrun listing11-5.py 来运行该程序。

listing 11-5.py

```
--snip--

        if keyboard.u:
            use_object()

    ## 用于测试的传送器
    ## 真正开始游戏之前删除这一部分
❶  if keyboard.x:
❷      current_room = int(input("Enter room number:"))
❸      player_x = 2
        player_y = 2
❹      generate_map()
❺      start_room()
        sounds.teleport.play()
    ## 传送器部分结束

    --snip--
```

代码段 listing 11-5　添加传送器

当你按 X 键时 ❶，程序会要求你输入房间号 ❷。该请求会出现在命令行窗口中，就是你输入 pgzrun 指令的窗口。你可能需要单击这个窗口将其置于屏幕的最前面，然后再单击游戏窗口回到游戏。

函数 input( ) 接受你输入的任何内容，并将其放入字符串中。因为我们需要输入数字，所以使用函数 int( ) 将其转换为整数 ❷。

输入的数字将存入变量 current_room。这里没有错误检查，因此如果你输入的房间号不正确，程序可能会崩溃。例如，如果输入的是文本而不是数字，则程序会卡死。

你将被传送到所选房间中 y = 2、x = 2 的位置 ❸。通常这是一个相当安全的位置，但如果传送器将你传送到布景当中，你也可以走出来。然后重新生成房间地图 ❹，并重启房间 ❺，这样就完成了传送。

---

**练习任务#2**

使用传送器将你传到 27 号房间，这样就可以测试工程舱的门了。用房间顶部的按钮打开门（走到按钮前按 U 键），然后在房间中等到房门关闭。再次打开门，但是这次要离开房间，从另一侧检查门是否正常关闭。门的动画也应该正常显示。

---

## 11.8  激活气闸舱安全门

为了安全起见，通向行星表面的气闸舱的门需要使用重量传感器才能将其打开。一名航天员必须站在压力垫上打开这扇门，另一名航天员才能出去。这种设计确保了航天员必须有空间站的支持才能出去走到行星表面。

要激活这个安全功能，我们需要在程序的 DOORS 部分添加新的函数。代码段 listing 11-6 展示了新函数的代码，该函数可以实现门的动画。在代码段 listing 11-4 中添加的函数 shut_engineering_door( ) 之后添加新代码，将更新的程序另存为 listing11-6.py，使用 pgzrun listing11-6.py 来运行程序，不过目前气闸舱的门尚未激活。

listing 11-6.py
```
--snip--
    show_text("The computer tells you the doors are closed.", 1)
    sounds.say_doors_closed.play()

def door_in_room_26():
    global airlock_door_frame, room_map
❶  frames = [images.door, images.door1, images.door2,
              images.door3,images.door4, images.floor
              ]

    shadow_frames = [images.door_shadow, images.door1_shadow,
                     images.door2_shadow, images.door3_shadow,
                     images.door4_shadow, None]

❷  if current_room != 26:
        clock.unschedule(door_in_room_26)
        return
```

```
                # 21 号道具是 26 号房间的门
❸        if ((player_y == 8 and player_x == 2) or props[63] == [26, 8, 2]) \
                and props[21][0] == 26:
❹            airlock_door_frame += 1

❺            if airlock_door_frame == 5:
                props[21][0] = 0 # 当门完全打开后，从地图上移除门
                room_map[0][1] = 0
                room_map[0][2] = 0
                room_map[0][3] = 0

❻        if ((player_y != 8 or player_x != 2) and props[63] != [26, 8, 2]) \
                and airlock_door_frame > 0:
            if airlock_door_frame == 5:
                # 在道具和地图上添加门，并显示动画
                props[21][0] = 26
                room_map[0][1] = 21
                room_map[0][2] = 255
                room_map[0][3] = 255
            airlock_door_frame -= 1

❼        objects[21][0] = frames[airlock_door_frame]
        objects[21][1] = shadow_frames[airlock_door_frame]


    ###############
    ##   START   ##
    ###############
    --snip--
```

代码段 listing 11-6    在气闸舱添加重量感应门

　　我已经在游戏中添加了函数 door_in_room_26( ) 以激活特定的机关。为了避免告诉你解决方案和可能遇到的谜题，我不会在这里介绍代码中的所有内容，但是我敢肯定，如果你愿意的话是可以自己研究清楚的！

　　我们将门的动画帧存储在帧列表中，包括显示门关闭的第一帧和显示没有门只有地面的最后一帧 ❶。

　　我们将气闸舱安全门的动画帧存储在变量 airlock_door_frame 中。如果玩家站在压力板上（位置是 y = 8、x = 2）而且房间的门还存在 ❸，那么就增加动画帧数以逐渐将门打开 ❹。如果动画帧数现在为 5 ❺，则门已经完全打开，此时道具字典和房间地图都会更新，安全门会从房间中移除。

　　我们添加了另一段代码，其功能是当玩家未站在压力板上且门不是完全关闭时要将门关闭 ❻，这样，如果玩家从压力板上移开，门就会关闭。该程序仅显示当前房间的房间地图中的道具，因此即使第一个动画帧将显示完全打开的门，第一条指令也会将门（21 号对象）放入房间地图中。

　　最后，我们将对象字典中门的图像文件更改为当前的动画帧 ❼。门的阴影图像也会更新。因此，绘制房间时，门的图片将显示为当前的动画帧。

　　这个开关门的过程是一种平滑的效果，当玩家踩踏压力板时，门会滑开，但当他们离开压力板时，门会慢慢关闭。如果他们在关门时回到压力板上，门将会再次滑开。

　　为了让开关门的过程正常运行，我们还需要添加指令让玩家进入房间时每 0.05s

运行一次函数 door_in_room_26( )。当函数 door_in_room_26( ) 启动时，它将检查玩家是否仍在 26 号房间中。如果玩家已离开房间，则代码段 listing 11-6 中的指令 ❷ 将停止正在运行的动画函数并退出该函数（使用 return 指令），这样门的动画就停止了。

我们将启动函数 door_in_room_26( ) 的代码放在 GAME LOOP 部分开始处的函数 start_room( ) 中。当玩家进入房间时，函数 start_room( ) 将运行。代码段 listing 11-7 中展示了要添加的新指令。

listing 11-7.py

```
--snip--
##############
## GAME LOOP ##
##############

def start_room():
    global airlock_door_frame
    show_text("You are here: " + room_name, 0)
    if current_room == 26: # 房门可自动关闭的房间
        airlock_door_frame = 0
        clock.schedule_interval(door_in_room_26, 0.05)

--snip--
```

代码段 listing 11-7　设置气闸舱安全门的动画

将程序另存为 listing11-7.py，并使用 pgzrun listing11-7.py 来运行它。在游戏中，按 X 键可以使用传送器进入 26 号房间。现在可以测试压力板是否正常工作了（见图 11-2），在尝试踩在压力板上、离开压力板以及从压力板上走过等几种情况下观察门的动画效果。

注意如果你从该房间底部的出口离开，会出现一扇门再次挡住你的返回路线（正常来说，当你进入气闸舱的时候就会打开这扇门并将这扇门从地图中移除）。当你传送到房间中时，就可能会发生这种奇怪的事情，这是时空错乱引起的。

图 11-2　在压力板上即可开门

## 11.9　在自己的游戏设计中删除出口

如果你要在自己的游戏设计中删除出口，那么可能还需要删除这些出口中的门。要从游戏中删除一扇门，可以在字典 props 中更改这扇门的条目，让其第一个数字为 0，或从字典中删除该条目。

如果你要自定义游戏，则可能还需要删除此处用于工程舱和气闸舱的特殊房门的一些自定义代码。要禁用压力板控制的门，请删除代码段 listing 11-6 和代码段 listing

11-7 中对应的新代码。要删除通往工程舱的定时门，请删除代码段 listing 11-4 中所示的代码，同时要删除代码段 listing 11-1 中用于按下按钮（使用 42 号对象）的新增代码的第一块。

## 11.10　任务完成了么

现在，你已经完成了空间站的建设，而且功能齐全。看来可以开始你的新生活了，试着进行一些实验并探索这颗红色的星球吧。

不过等等！这是什么？我们可能遇到麻烦了。

## 11.11　你掌握了么

确认以下内容，以检查你是不是已经了解了本章的关键内容。

❑　门可以封闭游戏地图的某些部分，这样玩家可以按正确的顺序发现谜题的线索。

❑　门设置在房间的顶部或底部。

❑　用门禁卡打开的门会保持打开状态。

❑　你可以使用提供的函数来添加可自动关闭的门，例如工程舱的门。

❑　门使用字典 props 定位。它们的图像和描述存储在对象字典中。

❑　要为门设置动画，程序会在对象字典中更改其图像。重新绘制房间时，对应的门就会更新为新图像。

❑　如果一扇门能够从两侧看到，则需要两个门的道具来表示：每个房间看到一个。

❑　ACCESS_DICTIONARY 用于记住哪张门禁卡解锁哪扇门。你可以更改此字典中的内容来使用其他对象打开门。

❑　要调整游戏难度，你可以更改工程舱房门关闭的延迟时间。

❑　传送器使你可以进入任何房间进行测试。

❑　Python 中的函数 input( ) 会将你输入的内容视为字符串。为了使玩家能够输入数字，要使用函数 int( ) 将输入的内容转换为整数。

# 第12章

## 危险！危险！突发事件

当空间站系统发生故障时，就会出现各种突发事件。在本章中，你将发现空气开始从空间站泄漏，并且在一些房间中会出现影响你移动的事件，包括到处乱窜的机器人、能量球和有毒的水坑。

我将危险放在了最后，这样之前你在测试游戏的时候就不必担心时间或能量耗尽的问题了。本章中，我们增加了空气泄漏的情况，同时绘制了一个条状计时器，好让你知道还剩下多少空气。另外还将添加能够伤害你并损耗你能量的危险情况。最后，我们要清理一下游戏，之后正式进入游戏环节！

## 12.1 添加空气监测

玩家游戏失败有两种情况：空气耗尽或能量耗尽。在屏幕的底部要有两个横条来显示玩家剩余的空气量和能量（见图 12-1）。

当你走过有毒的溢出物或是被影响你移动的危险物品击中时，就会失去能量，同时由于空间站墙体的泄漏，空气正逐渐耗尽。如果穿上航天服，你可以争取更多的时间，但是航天服空气罐中的空气最终也会耗尽。你最艰难的决定可能是决定何时补充空气以及通过食物来恢复能量。

### 1. 显示空气条和能量条

我们将在程序中创建一个称为 AIR 的新部分，你需要将其放在 DOORS 部分之后，START 部分之前。将代码段 listing 12-1 中所示的新代码添加到上一章的最终程序中（listing11-7.py），并将文件另存为 listing12-1.py。如果你运行该程序，将不会带来任何新的操作，不过此代码将创建绘制空气条和能量条的函数。

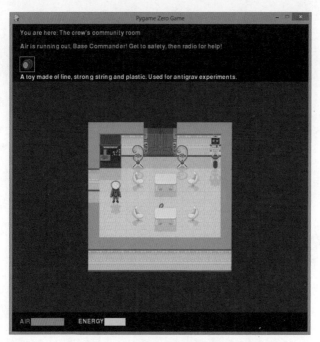

图 12-1 屏幕底部有两个横条显示剩余的空气和能量

listing 12-1.py

```
--snip--
    objects[21][0] = frames[airlock_door_frame]
    objects[21][1] = shadow_frames[airlock_door_frame]


##############
##    AIR    ##
##############

def draw_energy_air():
    box = Rect((20, 765), (350, 20))
❶   screen.draw.filled_rect(box, BLACK) # 清除空气条
❷   screen.draw.text("AIR", (20, 766), color=BLUE)
❸   screen.draw.text("ENERGY", (180, 766), color=YELLOW)

❹   if air > 0:
❺       box = Rect((50, 765), (air, 20))
❻       screen.draw.filled_rect(box, BLUE) # 绘制新的空气条

❼   if energy > 0:
        box = Rect((250, 765), (energy, 20))
        screen.draw.filled_rect(box, YELLOW) # 绘制新的能量条

##############
##   START   ##
##############
--snip--
```

代码段 listing 12-1　绘制空气条和能量条

函数 draw_energy_air( ) 开始的时候我们会在屏幕底部的状态区域绘制一个黑条来
清除空气条 ❶，然后我们用蓝色添加一个 AIR 的标签 ❷，用黄色添加一个 ENERGY

的标签 ❸。此函数会使用变量 air 和 energy，将这两个变量在程序的 VARIABLES 部分中设置为 100。

如果玩家还有一些空气（如果变量 air 大于 0）❹，则使用变量 air 来设置一个长条的长度 ❺，长条填充为蓝色 ❻，这绘制的就是 AIR 指示条，该指示条的长度开始的时候是 100 像素，之后会随着 AIR 变量的减小而变短。

我们使用类似的代码来绘制能量条 ❼，不过能量条的起始位置在右边（x 坐位置不是 50，而是 250）。

## 2. 添加空气监测函数

我们将创建 3 个函数来实现空气监测功能。当你没有空气的时候，会运行函数 end_the_game( )。该函数会显示玩家未能完成任务的原因，同时播放一段音效，并在游戏窗口的中间位置显示一个大大的 GAME OVER。

函数 air_countdown( ) 会逐渐减少空气总量。我们还将添加函数 alarm( )，该函数会在游戏警告玩家空气开始泄露之后不久运行。

这三个函数都在代码段 listing 12-2 中。在程序的 AIR 部分添加新代码，就在刚添加的函数 draw_energy_air( ) 之后。将程序另存为 listing12-2.py，使用 pgzrun listing12-2.py 来运行该程序，不过目前看不到任何新变化。

listing 12-2.py

```
--snip--
   if energy > 0:
       box = Rect((250, 765), (energy, 20))
       screen.draw.filled_rect(box, YELLOW) # 绘制新的能量条

❶ def end_the_game(reason):
       global game_over
❷     show_text(reason, 1)
❸     game_over = True
       sounds.say_mission_fail.play()
       sounds.gameover.play()
❹     screen.draw.text("GAME OVER", (120, 400), color = "white",
                         fontsize = 128, shadow = (1, 1), scolor = "black")

❺ def air_countdown():
       global air, game_over
       if game_over:
           return # 当角色死了就不需要空气了
❻     air -= 1
❼     if air == 20:
           sounds.say_air_low.play()
       if air == 10:
           sounds.say_act_now.play()
❽     draw_energy_air()
❾     if air < 1:
           end_the_game("You're out of air!")

❿ def alarm():
       show_text("Air is running out, " + PLAYER_NAME
               + "! Get to safety, then radio for help!", 1)
       sounds.alarm.play(3)
       sounds.say_breach.play()
```

```
##############
##    START    ##
##############
--snip--
```

代码段 listing 12-2　添加空气监测函数

函数 air_countdown( ) ❺ 每次运行都会将变量 air 的值减少 1 ❻。如果这个值等于 20 ❼ 或 10，都会播放警告的声音，告诉玩家他们的空气不足了。

代码段 listing 12-1 中添加的函数 draw_energy_air( ) 将更新显示空气和能量的情况 ❽。如果空气已用完 ❾，则运行函数 end_the_game( ) 并显示字符串 "**You're out of air！**"。

> ### 提　　示
>
> 　声音文件必须存储在 sounds 文件夹中，并且需要是 .wav 或 .ogg 格式。要播放名为 bang.wav 的声音，可以使用 sounds.bang.play( )。与图片一样，你无须告诉 Pygame Zero 文件扩展名或声音的存储位置。不过为什么不尝试自己录音，并在游戏中添加自己的声音效果呢?

在函数 end_the_game( ) 中 ❶，我们使用变量 reason 来存储接收的信息，这个信息将作为角色死亡原因显示在屏幕上 ❷。变量 game_over 会设置为 True ❸。其他函数会通过此变量来知道游戏何时结束，以停止所有程序。然后，函数 end_the_game( ) 会在屏幕中间以大字体绘制字符 GAME OVER。字符文本为白色，坐标位置为 x = 120、y = 400，字体大小为 128 ❹。为了显示效果，我们还在文本下方添加了一个阴影，该阴影在每个方向上偏移 1 个像素，颜色为黑色（见图 12-2）。

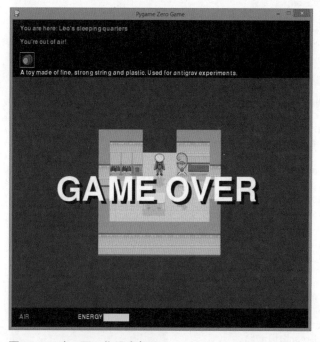

图 12-2　哦，不! 你没空气了

本节的最后一个函数 alarm( ) ❿ 会播放警报声并显示一条消息，以告诉你可以通过无线电寻求帮助。函数会在警告中使用玩家的名字实现个性化设置。

指令 sounds.alarm.play( ) 圆括号中的数字是声音播放的次数（在代码段 listing 12-2 中为 3 ）。

### 3. 开始空气监测并发出警报

我们还没有运行 3 个新函数。为此，我们需要在程序的 START 部分添加一些指令，添加指令的位置在程序的末尾。添加代码段 listing 12-3 中所示的新代码，并将程序另存为 listing12-3.py。

listing 12-3.py
```
--snip--
###############
##   START   ##
###############

clock.schedule_interval(game_loop, 0.03)
generate_map()
clock.schedule_interval(adjust_wall_transparency, 0.05)
clock.schedule_unique(display_inventory, 1)
clock.schedule_unique(draw_energy_air, 0.5)
clock.schedule_unique(alarm, 10)
# 后面的数字越大，表示游戏的时间限制越长
clock.schedule_interval(air_countdown, 5)
```

代码段 listing 12-3　开始空气监测

现在，游戏有了时间限制，即当空气（时间）耗尽时，游戏就结束了。使用 pgzrun listing12-3.py 来运行该程序，你应该可以看到空气条在慢慢变短。

如果你最后玩游戏的时候觉得太难了，可以将代码段 listing 12-3 中最后一行的 5 更改为更大的数字以给自己更多的时间。这个数字决定了函数 air_countdown( ) 减少空气值的频率，单位是 s。尤其是当你使用的是 Raspberry Pi 2 时，时间限制可能挑战性更大，因为游戏在 Raspberry Pi 2 上运行的速度会稍慢一些。完成游戏不是没有可能，不过你还是可以增大数字 5 来给自己更多呼吸的空气。

---

**练习任务#1**

当空气变为 0 时，你会看到 GAME OVER 的消息，并发现你无法再移动航天员了。你的能量每 5s 下降 1%，因此能量消耗完大约需要 8.3min（500s）。你能找出让空气泄漏得更快的方法吗，这样就能更容易地测试出空气用尽时会发生什么了？

完成练习任务后，请确保将程序改回去，否则，你会发现完成任务相当困难！

---

## 12.2　添加移动的危险物品

游戏中有 3 种类型的移动的危险物品：两种能量球和到处乱窜的无人机。

图 12-3 显示了移动的危险物品中对方向的编号。

危险物品会沿直线移动，直到它们撞到某个物体，然后我们添加一个数字来更改其方向。我们添加的数字将决定危险物品的移动方式。例如，如果我们在方向的编号上加 1，则危险物品会以顺时针方向移动（上、右、下、左）。如果我们在方向的编号上加 -1，则危险物品会以逆时针方向移动（左、下、右、上）。如果加 2，则危险会左右移动（2 和 4）或上下移动（1 和 3）。参照图 12-3 看看自己是不是理解了各种移动方式。每种危险物品都有自己的移动方式。

如果加法得出的数字大于 4，那我们就减去 4。例如，如果危险物品顺时针移动，则每次碰到物体时，我们将其方向编号加 1。假设现在危险物品向下移动（3），当它撞到物体时我们加 1，这样它就会向左移动（4）。下次碰到物体时，我们加 1，得到方向编号为 5，因此我们可以减去 4，得到的方向编号为 1。如图 12-3 所示，这就是顺时针方向移动时方向编号 4 之后的下一个方向编号。

表 12-1 总结了不同运动方式的编号。

表 12-1　当危险物品碰到物体时如何更改方向

| 移动方式 | | 增加到方向编号上的数字 |
| --- | --- | --- |
| 顺时针 | | 1 |
| 逆时针 | | -1 |
| 左 / 右 | | 2 |
| 上 / 下 | | 2 |

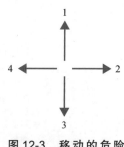

图 12-3　移动的危险物品中对方向的编号以顺时针的方向进行编号

**警告**：注意不要混淆描述运动的两个数字。方向编号（见图 12-3）告诉程序危险物品正在向哪个方向移动。我们增加到方向编号上的数字（见表 12-1）告诉程序当危险物品撞到物体时应该以哪种方式反弹。

## 1. 添加危险物品数据

在 AIR 和 START 部分之间，我们将向程序中添加一个名为 HAZARDS（危险）物品的新部分。代码段 listing 12-4 展示了危险物品数据，将其添加到你的程序中，另存为 listing12-4.py。如果现在运行该程序，不会有任何新的变化，但是你可以在命令行窗口中检查是否有错误消息。

listing 12-4.py

```
--snip--
    sounds.alarm.play(3)
    sounds.say_breach.play()


###############
##  HAZARDS  ##
###############

hazard_data = {
    # 房间号：[[y, x, 方向, 反弹方向]]
❶  28: [[1, 8, 2, 1], [7, 3, 4, 1]], 32: [[1, 5, 1, 1]],
    34: [[5, 1, 1, 1], [5, 5, 1, 2]], 35: [[4, 4, 1, 2], [2, 5, 2, 2]],
    36: [[2, 1, 2, 2]], 38: [[1, 4, 3, 2], [5, 8, 1, 2]],
```

```
    40: [[3, 1, 3, 1], [6, 5, 2, 2], [7, 5, 4, 2]],
    41: [[4, 5, 2, 2], [6, 3, 4, 2], [8, 1, 2, 2]],
    42: [[2, 1, 2, 2], [4, 3, 2, 2], [6, 5, 2, 2]],
    46: [[2, 1, 2, 2]],
    48: [[1, 8, 3, 2], [8, 8, 1, 2], [3, 9, 3, 2]]
    }


###############
##   START   ##
###############
--snip--
```

代码段 listing 12-4　添加危险物品数据

我们创建一个使用房间号作为键的字典 hazard_data。对于每个房间，都有一个包含所有危险物品数据的列表。列表中每个危险物品数据都包含危险物品的 y 坐标位置、x 坐标位置、起始方向以及撞到物体时要添加的数字。

例如，28 号房间 ❶ 中包含了危险物品数据列表 [7、3、4、1]。这意味着危险物品的起始位置为 y = 7、x = 3。其起始方向为向左移动（方向 4），在碰到物体的时候会顺时针移动，因为我们要增加的数字为 1。

41 号房间包含了 3 个危险物品（在 3 个列表中），它们都是左右移动的。我们这么说是因为它们的起始方向为 2 和 4（右和左），并且在碰到物体时要增加的数字为 2（变成 4 或 6：6 减去 4 就变成了 2）。

## 2. 消耗玩家的能量

危险物品数据之后，我们需要添加一个名为 deplete_energy() 的函数。当遇到危险时，该函数会减少玩家的能量。代码段 listing 12-5 展示了这个新函数。在程序的 HAZARDS 部分添加新代码，就在代码段 listing 12-4 的代码之后，将程序另存为 listing12-5.py。可以使用 pgzrun listing12-5.py 来运行该程序以检查错误，不过不会有任何新的变化。

listing 12-5.py
```
--snip--
    46: [[2, 1, 2, 2]],
    48: [[1, 8, 3, 2], [8, 8, 1, 2], [3, 9, 3, 2]]
    }

❶ def deplete_energy(penalty):
    global energy, game_over
    if game_over:
        return # 当角色死了就不需要消耗能量了
❷   energy = energy - penalty
    draw_energy_air()
    if energy < 1:
        end_the_game("You're out of energy!")


###############
##   START   ##
###############
--snip--
```

代码段 listing 12-5　减少玩家的能量

函数 deplete_energy( ) 会接收 1 个数字 ❶，并用该数字来减少玩家的变量 energy 的值 ❷。结果就是，我们可以使用此函数处理消耗不同能量的危险物品。

### 3. 启动和停止危险物品

当玩家进入新房间时，函数 hazard_start( ) 会将危险物品放入房间中。代码段 listing 12-6 展示了此函数，你需要在程序 HAZARDS 部分的函数 deplete_energy( ) 之后添加该函数，将程序另存为 listing12-6.py。如果你使用 pgzrun listing12-6.py 来运行程序，那么不会有任何新的变化，因为我们尚未设置运行该函数。

listing 12-6.py

```
--snip--
    if energy < 1:
        end_the_game("You're out of energy!")

def hazard_start():
    global current_room_hazards_list, hazard_map
❶  if current_room in hazard_data.keys():
❷      current_room_hazards_list = hazard_data[current_room]
❸      for hazard in current_room_hazards_list:
            hazard_y = hazard[0]
            hazard_x = hazard[1]
❹          hazard_map[hazard_y][hazard_x] = 49 + (current_room % 3)
❺      clock.schedule_interval(hazard_move, 0.15)


##############
##   START   ##
##############
--snip--
```

代码段 listing 12-6　将危险物品添加到当前房间

每当玩家进入新房间时，函数 hazard_start( ) 就会运行，因此函数首先要检查当前房间是否在字典 hazard_data 中有一个条目 ❶。如果有，则该房间中应该有移动的危险物品，剩余的代码将继续运行。我们将房间的危险物品数据放入名为 current_room_hazards_list 的列表中 ❷。然后，函数会使用循环 ❸ 依次处理列表中的每个危险物品。

危险物品会使用自己的房间地图 hazard_map，因此它们可以简单地在地面上移动，而不用覆盖房间地图中的数据。如果危险物品与道具使用相同的房间地图，则当它们重叠的时候可能会把道具删掉，否则我们就需要一种复杂的方法来记住危险物品后面的物品。

这 3 个危险物品对象在对象字典中的编号分别为 49、50 和 51。该程序使用一个简单的计算来算出哪个进入特定房间。如你之前所见，Python 的运算符 % 可得出除法中的余数。当你将任何数字除以 3 时，余数就是 0、1 或 2。因此，程序是将房间号除以 3，然后将余数加上 49，最后得到选择的对象编号 ❹。因此，比如我们在 34 号房间中，则程序会计算 34%3 得 1，之后将 1 加上 49 得到为该房间选择的危险物品对象编号 50。

这种选择危险物品对象编号的方式可确保玩家进入房间时，危险物品始终是同一类型。由于地图的宽度为 5 个房间，因此还可以确保两个直接相连的房间不会有相同的危险物品。尽管并非所有房间都有危险物品，但这增加了地图的多样性，因此在实际游戏当中，玩家在穿过一些空房间之后，可能仍然会连续两次遇到相同的危险。

函数最后会设定函数 hazard_move( ) 每 0.15s 运行一次。

要在玩家进入新房间时启动函数 hazard_start( )，你需要在函数 start_room( ) 中添加一条指令，见代码段 listing 12-7。将你的程序另存为 listing12-7.py。当你离开房间时，目前这个程序会卡死，因为我们尚未完成有关危险物品的代码。

```
--snip--
###############
## GAME LOOP ##
###############

def start_room():
    global airlock_door_frame
    show_text("You are here: " + room_name, 0)
    if current_room == 26: # 带自动关闭的气闸门的房间
        airlock_door_frame = 0
        clock.schedule_interval(door_in_room_26, 0.05)
    hazard_start()
--snip--
```

代码段 listing 12-7　当玩家进入房间时启动危险

并非所有房间都有危险物品，因此当玩家离开房间时，我们将停止危险物品的移动。我们先前在函数 game_loop( ) 中添加了对应的指令，能够在玩家变换房间的时候停止危险物品移动的函数。不过之前这条指令是被注释掉的，因为当时我们还没有准备好。

现在我们已经准备好了！请按照以下步骤取消对应代码的注释（在第 8 章中做过类似的操作）：

1）在 IDLE 中单击 **Edit**（编辑）→**Replac**（替换）（或按 Ctrl+H 键）以打开替换文本对话框。

2）在 **Find**（查找）框中输入 #clock.unschedule(hazard_move)。

3）在 **Replace With**（替换为）框中输入 clock.unschedule(hazard_move)。

4）单击 **Replace All**（全部替换）。IDLE 应该在四个位置替换该指令，然后跳转到代码中的最后一个。代码段 listing 12-8 显示了将在替换过程结束时突出显示的新行（你无须输入这个代码段中的任何内容）。在此代码块的上方，有三个类似的地方，现在在当玩家通过出口离开房间时，这几个地方的代码就会停止危险物品的移动。

```
--snip--
    if player_y == -1: # 通过顶部的门
        clock.unschedule(hazard_move)
        current_room -= MAP_WIDTH
        generate_map()
        player_y = room_height - 1 # 在底部进入
        player_x = int(room_width / 2) # 进入门
        player_frame = 0
        start_room()
        return
--snip--
```

代码段 listing 12-8　当玩家离开房间时停止危险物品的移动

将更新后的程序另存为 listing12-8.py。如果你运行目前的程序，则在离开房间时会在控制台中看到错误消息，同时游戏会卡死。原因是我们尚未添加函数 hazard_move( )。

## 4. 设置危险物品地图

现在，我们需要确保在生成用于布景和道具的房间地图时，还生成了一个空的危险物品地图。函数 hazard_start( ) 将会在房间中设置危险物品。

在程序 MAKE MAP 部分的函数 generate_map( ) 的末尾添加代码段 listing 12-9 中的新内容。将这段代码放在 GAME LOOP 部分的前面，同时要缩进四个空格，因为它们在函数内。

将程序另存为 listing12-9.py。当你运行该程序时，仍无法正常运行，因为目前程序还未完成。

listing 12-9.py

```
--snip--
                          for tile_number in range(1, image_width_in_tiles):
                              room_map[prop_y][prop_x + tile_number] = 255

        hazard_map = [] # 空的列表
        for y in range(room_height):
            hazard_map.append( [0] * room_width )


###############
## GAME LOOP ##
###############
--snip--
```

代码段 listing 12-9　创建空的危险物品地图

这些新的指令会为危险物品地图创建了一个空的列表，并在其中填充与房间宽度一样多行的 0。

## 5. 让危险物品移动

现在，让我们添加缺少的函数 hazard_move( ) 来让危险物品移动。将这个函数放在 HAZARDS 部分的末尾，函数 hazard_start( ) 之后，见代码段 listing 12-10。将程序另存为 listing12-10.py。

listing 12-10.py

```
--snip--
                    hazard_map[hazard_y][hazard_x] = 49 + (current_room % 3)
                clock.schedule_interval(hazard_move, 0.15)

def hazard_move():
    global current_room_hazards_list, hazard_data, hazard_map
    global old_player_x, old_player_y

    if game_over:
        return
    for hazard in current_room_hazards_list:
        hazard_y = hazard[0]
        hazard_x = hazard[1]
        hazard_direction = hazard[2]

❶       old_hazard_x = hazard_x
        old_hazard_y = hazard_y
```

```
                    hazard_map[old_hazard_y][old_hazard_x] = 0

❷                   if hazard_direction == 1: # 上
                        hazard_y -= 1
                    if hazard_direction == 2: # 右
                        hazard_x += 1
                    if hazard_direction == 3: # 下
                        hazard_y += 1
                    if hazard_direction == 4: # 左
                        hazard_x -= 1

                    hazard_should_bounce = False

❸                   if (hazard_y == player_y and hazard_x == player_x) or \
                       (hazard_y == from_player_y and hazard_x == from_player_x
                        and player_frame > 0):
                        sounds.ouch.play()
                        deplete_energy(10)
                        hazard_should_bounce = True

❹                   # 防止危险物品移动到门外
                    if hazard_x == room_width:
                        hazard_should_bounce = True
                        hazard_x = room_width - 1
                    if hazard_x == -1:
                        hazard_should_bounce = True
                        hazard_x = 0
                    if hazard_y == room_height:
                        hazard_should_bounce = True
                        hazard_y = room_height - 1
                    if hazard_y == -1:
                        hazard_should_bounce = True
                        hazard_y = 0

❺                   # 当危险物品遇到布景或其他危险物品时停止
                    if room_map[hazard_y][hazard_x] not in items_player_may_stand_on \
                            or hazard_map[hazard_y][hazard_x] != 0:
                        hazard_should_bounce = True

❻                   if hazard_should_bounce:
                        hazard_y = old_hazard_y # 返回到上一个有效位置
                        hazard_x = old_hazard_x
❼                       hazard_direction += hazard[3]
❽                       if hazard_direction > 4:
                            hazard_direction -= 4
                        if hazard_direction < 1:
                            hazard_direction += 4
❾                       hazard[2] = hazard_direction
❿                   hazard_map[hazard_y][hazard_x] = 49 + (current_room % 3)
                    hazard[0] = hazard_y
                    hazard[1] = hazard_x


    ##############
    ##   START  ##
    ##############
    --snip--
```

代码段 listing 12-10　添加危险物品移动函数

函数 hazard_move( ) 的工作方式与玩家移动的方式类似。危险物品的位置存储在变量 old_hazard_x 和 old_hazard_y 中 ❶，然后危险物品开始移动 ❷。

然后，我们会检查危险物品是否碰到了玩家 ❸，是否走到了门外 ❹，是否碰到了布景或其他危险物品 ❺。如果是 ❻，则将其位置重置为旧的值，然后将其数据列表中的最后一个数字添加到方向编号上，以改变危险物品的移动方向 ❼。如果计算后的方向编号大于 4 ❽，则减去 4。如本章前面介绍的，4 是方向编号的最大值。另一方面，如果计算后的方向编号小于 1，则加 4。最后，新方向将存储在危险物品数据中 ❾。

函数结束时 ❿，将危险物品放到危险物品地图中。

你可以使用 pgzrun listing12-10.py 来运行该程序。第一个有危险物品的房间就在起始房间的右侧。当你进入这个房间时，即使你看不到任何危险物品，能量有时候也会神秘地下降。这是因为我们尚未添加代码来显示危险物品。

> **提　　示**
>
> 遇到危险物品时，函数 deplete_energy( ) 会将你的能量减少 10%。如果你觉得游戏太难，可以将该数字改为 5%。如果你完成了游戏并希望在下次进行时增加难度，则可以将该数字改为 20%！

## 6. 在房间中显示危险物品

看不到危险物品似乎不公平，因此让我们添加几行代码好在房间中显示危险物品。代码段 listing 12-11 展示了在程序 DISPLAY 部分的函数 draw( ) 中添加的 3 行新代码。添加代码的位置就在函数末尾，放绘制玩家的代码之前。

将这些指令缩进 12 个空格，因为它们位于函数 draw( )（4 个空格）的 y 循环（4 个空格）和 x 循环（4 个空格）之内。将程序另存为 listing12-11.py。

listing 12-11.py

```
--snip--
                                # 在对桌的整个宽度上使用阴影
                                for z in range(0, shadow_width):
                                    draw_shadow(shadow_image, y, x+z)
                            else:
                                draw_shadow(shadow_image, y, x)

            hazard_here = hazard_map[y][x]
            if hazard_here != 0: # 如果这个位置有危险物品
                draw_image(objects[hazard_here][0], y, x)

    if (player_y == y):
            draw_player()
--snip--
```

代码段 listing 12-11　显示移动的危险物品

这段代码完成了显示移动的危险物品。使用 pgzrun listing12-11.py 来运行程序，然后为了活命你就需要跑起来！现在你应该能够看到移动的危险物品了，如图 12-4 中所示的能量球。

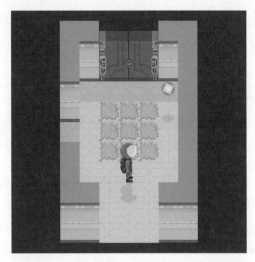

图 12-4　这个能量球会以逆时针的方向在房间内移动

### 练习任务#2

测试一下移动的危险物品是否正常工作。进入起始房间右侧的房间（如有必要，可以传送到 32 号房间）。当能量球击中你时，你的能量减少了吗？能量球会弹开吗？你能将能量球弹入门中并检查它是否还留在房间中吗？当你的能量耗尽时，游戏会结束吗？

## 7. 阻止玩家穿过危险物品

我们还需要添加一行代码以阻止玩家进入或穿过危险物品。实际上，危险物品通常会从玩家身上弹开，但是如果不添加代码段 listing 12-12 中的内容，玩家有时可能会穿过这个危险物品。

我们已经在函数 game_loop( ) 中添加过所需的代码，但是之前我们将其注释掉了。现在是时候取消注释了，方法是找到结尾处有一个 \ 的代码行，删除该行之前的 #，然后再删除下一行开头的 #。

我们还需要删除 items_player_may_stand_on 之后的冒号。一个快速找到程序正确位置的方法是按 Ctrl+F 键打开搜索框，然后输入 #\。代码段 listing 12-12 中展示了要修改的行。

listing 12-12.py

```
--snip--
    # 如果玩家站在不应该站的地方，则将它们移回原处
    if room_map[player_y][player_x] not in items_player_may_stand_on \
            or hazard_map[player_y][player_x] != 0:
        player_x = old_player_x
        player_y = old_player_y
        player_frame = 0
--snip--
```

代码段 listing 12-12　阻止玩家穿过危险物品

将程序另存为 listing12-12.py，并使用 pgzrun listing12-12.py 来运行它。你可以在空间站中找到所有三种类型的飞行危险物品吗?

## 12.3　添加有毒的泄漏物

你可能已经注意到了图 12-4 中地面上的绿色物质。这是有毒的泄漏物，踩在上面会消耗能量。你必须谨慎地想一想，你是要尽快地通过它? 还是小心地绕过它，这样能够保存你的能量，但是可能会让你的速度变慢。

代码段 listing 12-13 展示了在有毒的地面上行走时消耗能量的指令。这些指令位于函数 game_loop( ) 中，就在代码段 listing 12-12 的指令之后。

将程序另存为 listing12-13.py，使用 pgzrun listing12-13.py 来运行该程序，然后在有毒的地面上行走以测试程序是否有效。有毒地面是 48 号对象，现在它被当作布景放置在了房间中。

listing 12-13.py
```
--snip--
# 如果玩家站在不应该站的地方，则将它们移回原处
if room_map[player_y][player_x] not in items_player_may_stand_on \
        or hazard_map[player_y][player_x] != 0:
    player_x = old_player_x
    player_y = old_player_y
    player_frame = 0

if room_map[player_y][player_x] == 48: # 有毒的地面
    deplete_energy(1)

if player_direction == "right" and player_frame > 0:
    player_offset_x = -1 + (0.25 * player_frame)
--snip--
```

代码段 listing 12-13　当在有毒的地面上移动时会消耗玩家的能量

## 12.4　收尾工作

游戏现在基本上已经完成了。不过在正式开始探索空间站之前，我们需要删除一些用来构建和测试游戏的代码。

### 1. 关闭传送器

一旦在空间站上开始工作，任务要求就不能使用传送器了。在函数 game_loop( ) 中找到对应的程序，使用鼠标选中它们，然后单击 **Format**（格式）→**Comment Out Region**（注释掉选中的代码）将这段代码注释掉。现在，你的代码应类似于代码段 listing 12-14。

### 2. 清理数据

在测试游戏时，你可能更改了一些变量和列表。游戏开始时应如图 12-5 所示。如果不一样，请查看程序的 VARIABLES 部分，并确保将变量 current_room 设置为 31。

listing 12-14.py

```
--snip--
#### Teleporter for testing
#### Remove this section for the real game
##    if keyboard.x:
##        current_room = int(input("Enter room number:"))
##        player_x = 2
##        player_y = 2
##        generate_map()
##        start_room()
##        sounds.teleport.play()
#### Teleport section ends
--snip--
```

代码段 listing 12-14　关闭传送器

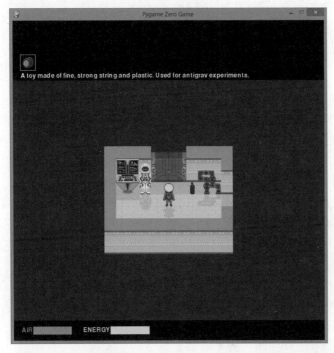

图 12-5　开始你的任务

如果你携带的东西不是只有溜溜球，那么请查看程序的 PROPS 部分，并检查这一行是否正确：

```
in_my_pockets = [55]
```

## 3. 开始你的冒险

这是令人兴奋的时刻：你的训练已经完成；空间站已准备就绪；而你的火星任务即将开始。让我们在游戏开始时播放一首科幻的音乐。代码段 listing 12-15 展示了你要添加到 *Escape* 游戏中的最终指令。

listing 12-15.py

```
--snip--
clock.schedule_unique(alarm, 10)
clock.schedule_interval(air_countdown, 11) # 数字越大，时间限制越长
sounds.mission.play() # 播放音乐
```

代码段 listing 12-15　在游戏开始时播放一首科幻的音乐

将最终的程序另存为 escape.py。使用 pgzrun escape.py 来运行游戏。如何玩游戏请参阅引言中 0.6 节的内容。

现在祝贺你完成了空间站的建设。你用实力证明了你完成任务的能力。现在是时候开始你在行星表面的工作了！

## 12.5　你的下一个任务：自定义游戏

你能够顺利地完成 *Escape* 游戏吗？是不是感觉死里逃生！而你的下一个任务，就是尝试自定义游戏。使用本书的方法有很多，你在制作游戏时可能已经进行了一些自定义。以下是一些修改游戏的建议，从最简单的开始：

- 将游戏中的角色名改为你朋友的名字。参阅第 4 章的代码段 listing 4-1。
- 自定义图像。你可以编辑我们已有的图像，也可以创建自己的图像。游戏包含了一个白底图像，你可以使用自己喜欢的图像处理软件对其进行编辑。如果你将图片的大小设定为与我们的图片大小相同，并使用相同的文件名将其存储在 images 文件夹中，则它们可以直接应用到游戏中。
- 重新设计房间布局。第 6 章中介绍了如何在房间中放置布景。
- 将自己的物品对象添加到游戏中。首先是要创建它们的图像。道具应为长宽都为 30 像素的正方形。布景物品可以更大些，但也最好是左右两端的宽度正好覆盖整数个砖块的距离，这样当玩家靠近布景时其看起来就不会太奇怪（例如，如果图像的宽度为 30、60 或 90 像素，而且两边都能接触地面，那么看起来就会很好）。你需要在对象字典中添加新的内容，请参阅第 5 章。有关定位布景的问题，请参阅第 6 章。有关定位道具的问题，请参阅第 9 章。
- 创建自己的空间站地图，请参阅第 4 章。
- 使用游戏引擎制作自己的游戏。基于 *Escape* 游戏的代码，你可以替换图像和地图，并为自己的谜题编写代码，以制作新游戏。USE OBJECTS 部分是编写游戏谜题的地方，它详细说明了单独使用物品或与其他对象组合使用物品时发生的情况。保留用于合并对象（配方）的代码，只是对其进行更新（请参阅第 10 章）可能会很有用；保留用于显示使用物品时的标准反馈代码（请参阅第 10 章）；并保留开门的代码（请参阅第 11 章）。

如果你的改动会影响 26 号房，则需要禁用其压力板的代码（请参阅第 11 章）。

请记住，你所做的任何更改都可能破坏原来 *Escape* 游戏中的谜题，导致这个谜题无法解决。例如，可能找不到重要的工具。所以我建议你单独保存修改的文件，这样你始终可以找到原始代码。

## 12.6 你掌握了么

确认以下内容，以检查你是不是已经了解了本章的关键内容。

☐ 可以使用 Pygame Zero 绘制带有阴影的文本，并可以调整显示的文本大小。

☐ 可以通过修改 sounds.sound_name.play( ) 指令圆括号中的数字来多次播放声音。

☐ 移动危险物品的方向编号是从顶部的 1 开始，沿顺时针方向移动的。要为危险物品创建移动模式，你需要提供在碰到东西时加到方向编号上的数字。

☐ 函数 deplete_energy( ) 可以减少玩家的能量。

☐ 危险物品使用自己的房间地图 hazard_map。这使得它们能够更轻松地在地面的物品上移动。

☐ 在开始游戏之前，请检查起始变量是否正确。

## 任务汇报

这是本章中练习任务的答案。

### 练习任务 #1

在代码段 listing 12-3 的最后一行，将 5 改为 1。这将使函数每 1s 减少一次空气，而不是每 5s 减少一次。你可以将这个值更改为 0.5 或其他数，让其运行得更快。

# 附　　录

## 附录 A　*Escape* 游戏完整代码

附录 A 列出了 *Escape* 游戏的完整代码。你可以将其用作参考，以了解在何处放置特定的函数和内容，或者是想把程序整个看一遍。此代码不包括你在构建游戏时临时编写的部分，例如 EXPLORER 部分。它只包含最终游戏的代码。

请记住，你还可以下载 escape.py 并在 IDLE 中阅读它，这样你还可以通过 Ctrl+F 键进行搜索。

我在这个程序中将 PLAYER_NAME 更改为"Captain"。在制作或自定义游戏时，你可以使用自己的名字（请参见代码段 listing 4-1）。

为了测试该项目，我按照书中的说明重建了游戏。此游戏代码已在 Windows、Raspberry Pi 3 Model B + 和 Raspberry Pi 2 Model B 上测试并完成。

```
# Escape - Python 大冒险
# by Sean McManus / www.sean.co.uk
# Art by Rafael Pimenta
# 由 XXX 输入的程序（XXX 可替换为你的名字）

import time, random, math

##############
## VARIABLES ##
##############

WIDTH = 800 #窗口大小
HEIGHT = 800

#PLAYER variables
PLAYER_NAME = "Captain" # 可将此处换成你的名字
FRIEND1_NAME = "Karen" # 可将此处换成你朋友的名字
FRIEND2_NAME = "Leo" # 可将此处换成你另外一个朋友的名字
current_room = 31 # 起始位置在 31 号房间
```

```
top_left_x = 100
top_left_y = 150

DEMO_OBJECTS = [images.floor, images.pillar, images.soil]

LANDER_SECTOR = random.randint(1, 24)
LANDER_X = random.randint(2, 11)
LANDER_Y = random.randint(2, 11)

TILE_SIZE = 30

player_y, player_x = 2, 5
game_over = False

PLAYER = {
    "left": [images.spacesuit_left, images.spacesuit_left_1,
            images.spacesuit_left_2, images.spacesuit_left_3,
            images.spacesuit_left_4
            ],
    "right": [images.spacesuit_right, images.spacesuit_right_1,
            images.spacesuit_right_2, images.spacesuit_right_3,
            images.spacesuit_right_4
            ],
    "up": [images.spacesuit_back, images.spacesuit_back_1,
            images.spacesuit_back_2, images.spacesuit_back_3,
            images.spacesuit_back_4
            ],
    "down": [images.spacesuit_front, images.spacesuit_front_1,
            images.spacesuit_front_2, images.spacesuit_front_3,
            images.spacesuit_front_4
            ]
    }

player_direction = "down"
player_frame = 0
player_image = PLAYER[player_direction][player_frame]
player_offset_x, player_offset_y = 0, 0

PLAYER_SHADOW = {
    "left": [images.spacesuit_left_shadow, images.spacesuit_left_1_shadow,
            images.spacesuit_left_2_shadow, images.spacesuit_left_3_shadow,
            images.spacesuit_left_3_shadow
            ],
    "right": [images.spacesuit_right_shadow, images.spacesuit_right_1_shadow,
            images.spacesuit_right_2_shadow,
            images.spacesuit_right_3_shadow, images.spacesuit_right_3_shadow
            ],
    "up": [images.spacesuit_back_shadow, images.spacesuit_back_1_shadow,
            images.spacesuit_back_2_shadow, images.spacesuit_back_3_shadow,
            images.spacesuit_back_3_shadow
            ],
    "down": [images.spacesuit_front_shadow, images.spacesuit_front_1_shadow,
            images.spacesuit_front_2_shadow, images.spacesuit_front_3_shadow,
            images.spacesuit_front_3_shadow
            ]
    }

player_image_shadow = PLAYER_SHADOW["down"][0]
```

```
PILLARS = [
    images.pillar, images.pillar_95, images.pillar_80,
    images.pillar_60, images.pillar_50
    ]

wall_transparency_frame = 0

BLACK = (0, 0, 0)
BLUE = (0, 155, 255)
YELLOW = (255, 255, 0)
WHITE = (255, 255, 255)
GREEN = (0, 255, 0)
RED = (128, 0, 0)

air, energy = 100, 100
suit_stitched, air_fixed = False, False
launch_frame = 0


###############
##    MAP    ##
###############

MAP_WIDTH = 5
MAP_HEIGHT = 10
MAP_SIZE = MAP_WIDTH * MAP_HEIGHT


GAME_MAP = [ ["Room 0 - where unused objects are kept", 0, 0, False, False] ]

outdoor_rooms = range(1, 26)
for planetsectors in range(1, 26): #rooms 1 to 25 are generated here
    GAME_MAP.append( ["The dusty planet surface", 13, 13, True, True] )

GAME_MAP += [
        # [" 房间名字 ", 高度, 宽度, 顶部是否有出口?, 右侧是否有出口?]
        ["The airlock", 13, 5, True, False], # 26 号房间
        ["The engineering lab", 13, 13, False, False], # 27 号房间
        ["Poodle Mission Control", 9, 13, False, True], # 28 号房间
        ["The viewing gallery", 9, 15, False, False], # 29 号房间
        ["The crew's bathroom", 5, 5, False, False], # 30 号房间
        ["The airlock entry bay", 7, 11, True, True], # 31 号房间
        ["Left elbow room", 9, 7, True, False], # 32 号房间
        ["Right elbow room", 7, 13, True, True], # 33 号房间
        ["The science lab", 13, 13, False, True], # 34 号房间
        ["The greenhouse", 13, 13, True, False], # 35 号房间
        [PLAYER_NAME + "'s sleeping quarters", 9, 11, False, False], # 36 号房间
        ["West corridor", 15, 5, True, True], # 37 号房间
        ["The briefing room", 7, 13, False, True], # 38 号房间
        ["The crew's community room", 11, 13, True, False], # 39 号房间
        ["Main Mission Control", 14, 14, False, False], # 40 号房间
        ["The sick bay", 12, 7, True, False], # 41 号房间
        ["West corridor", 9, 7, True, False], # 42 号房间
        ["Utilities control room", 9, 9, False, True], # 43 号房间
        ["Systems engineering bay", 9, 11, False, False], # 44 号房间
        ["Security portal to Mission Control", 7, 7, True, False], # 45 号房间
        [FRIEND1_NAME + "'s sleeping quarters", 9, 11, True, True], # 46 号房间
        [FRIEND2_NAME + "'s sleeping quarters", 9, 11, True, True], # 47 号房间
        ["The pipeworks", 13, 11, True, False], # 48 号房间
```

```
                ["The chief scientist's office", 9, 7, True, True], # 49 号房间
                ["The robot workshop", 9, 11, True, False] # 50 号房间
                ]

# 对上面的地图进行简单的完整性检查
assert len(GAME_MAP)-1 == MAP_SIZE, "Map size and GAME_MAP don't match"


###############
##  OBJECTS  ##
###############

objects = {
    0: [images.floor, None, "The floor is shiny and clean"],
    1: [images.pillar, images.full_shadow, "The wall is smooth and cold"],
    2: [images.soil, None, "It's like a desert. Or should that be dessert?"],
    3: [images.pillar_low, images.half_shadow, "The wall is smooth and cold"],
    4: [images.bed, images.half_shadow, "A tidy and comfortable bed"],
    5: [images.table, images.half_shadow, "It's made from strong plastic."],
    6: [images.chair_left, None, "A chair with a soft cushion"],
    7: [images.chair_right, None, "A chair with a soft cushion"],
    8: [images.bookcase_tall, images.full_shadow,
        "Bookshelves, stacked with reference books"],
    9: [images.bookcase_small, images.half_shadow,
        "Bookshelves, stacked with reference books"],
   10: [images.cabinet, images.half_shadow,
        "A small locker, for storing personal items"],
   11: [images.desk_computer, images.half_shadow,
        "A computer. Use it to run life support diagnostics"],
   12: [images.plant, images.plant_shadow, "A spaceberry plant, grown here"],
   13: [images.electrical1, images.half_shadow,
        "Electrical systems used for powering the space station"],
   14: [images.electrical2, images.half_shadow,
        "Electrical systems used for powering the space station"],
   15: [images.cactus, images.cactus_shadow, "Ouch! Careful on the cactus!"],
   16: [images.shrub, images.shrub_shadow,
        "A space lettuce. A bit limp, but amazing it's growing here!"],
   17: [images.pipes1, images.pipes1_shadow, "Water purification pipes"],
   18: [images.pipes2, images.pipes2_shadow,
        "Pipes for the life support systems"],
   19: [images.pipes3, images.pipes3_shadow,
        "Pipes for the life support systems"],
   20: [images.door, images.door_shadow, "Safety door. Opens automatically \
for astronauts in functioning spacesuits."],
   21: [images.door, images.door_shadow, "The airlock door. \
For safety reasons, it requires two person operation."],
   22: [images.door, images.door_shadow, "A locked door. It needs " \
        + PLAYER_NAME + "'s access card"],
   23: [images.door, images.door_shadow, "A locked door. It needs " \
        + FRIEND1_NAME + "'s access card"],
   24: [images.door, images.door_shadow, "A locked door. It needs " \
        + FRIEND2_NAME + "'s access card"],
   25: [images.door, images.door_shadow,
        "A locked door. It is opened from Main Mission Control"],
   26: [images.door, images.door_shadow,
        "A locked door in the engineering bay."],
   27: [images.map, images.full_shadow,
        "The screen says the crash site was Sector: " \
        + str(LANDER_SECTOR) + " // X: " + str(LANDER_X) + \
```

```
              " // Y: " + str(LANDER_Y)],
28: [images.rock_large, images.rock_large_shadow,
     "A rock. Its coarse surface feels like a whetstone", "the rock"],
29: [images.rock_small, images.rock_small_shadow,
     "A small but heavy piece of Martian rock"],
30: [images.crater, None, "A crater in the planet surface"],
31: [images.fence, None,
     "A fine gauze fence. It helps protect the station from dust storms"],
32: [images.contraption, images.contraption_shadow,
     "One of the scientific experiments. It gently vibrates"],
33: [images.robot_arm, images.robot_arm_shadow,
     "A robot arm, used for heavy lifting"],
34: [images.toilet, images.half_shadow, "A sparkling clean toilet"],
35: [images.sink, None, "A sink with running water", "the taps"],
36: [images.globe, images.globe_shadow,
     "A giant globe of the planet. It gently glows from inside"],
37: [images.science_lab_table, None,
     "A table of experiments, analyzing the planet soil and dust"],
38: [images.vending_machine, images.full_shadow,
     "A vending machine. It requires a credit.", "the vending machine"],
39: [images.floor_pad, None,
     "A pressure sensor to make sure nobody goes out alone."],
40: [images.rescue_ship, images.rescue_ship_shadow, "A rescue ship!"],
41: [images.mission_control_desk, images.mission_control_desk_shadow, \
     "Mission Control stations."],
42: [images.button, images.button_shadow,
     "The button for opening the time-locked door in engineering."],
43: [images.whiteboard, images.full_shadow,
     "The whiteboard is used in brainstorms and planning meetings."],
44: [images.window, images.full_shadow,
     "The window provides a view out onto the planet surface."],
45: [images.robot, images.robot_shadow, "A cleaning robot, turned off."],
46: [images.robot2, images.robot2_shadow,
     "A planet surface exploration robot, awaiting set-up."],
47: [images.rocket, images.rocket_shadow, "A 1-person craft in repair."],
48: [images.toxic_floor, None, "Toxic floor - do not walk on!"],
49: [images.drone, None, "A delivery drone"],
50: [images.energy_ball, None, "An energy ball - dangerous!"],
51: [images.energy_ball2, None, "An energy ball - dangerous!"],
52: [images.computer, images.computer_shadow,
     "A computer workstation, for managing space station systems."],
53: [images.clipboard, None,
     "A clipboard. Someone has doodled on it.", "the clipboard"],
54: [images.bubble_gum, None,
     "A piece of sticky bubble gum. Spaceberry flavour.", "bubble gum"],
55: [images.yoyo, None, "A toy made of fine, strong string and plastic. \
Used for antigrav experiments.", PLAYER_NAME + "'s yoyo"],
56: [images.thread, None,
     "A piece of fine, strong string", "a piece of string"],
57: [images.needle, None,
     "A sharp needle from a cactus plant", "a cactus needle"],
58: [images.threaded_needle, None,
     "A cactus needle, spearing a length of string", "needle and string"],
59: [images.canister, None,
     "The air canister has a leak.", "a leaky air canister"],
60: [images.canister, None,
     "It looks like the seal will hold!", "a sealed air canister"],
61: [images.mirror, None,
     "The mirror throws a circle of light on the walls.", "a mirror"],
```

```
62: [images.bin_empty, None,
    "A rarely used bin, made of light plastic", "a bin"],
63: [images.bin_full, None,
    "A heavy bin full of water", "a bin full of water"],
64: [images.rags, None,
    "An oily rag. Pick it up by a corner if you must!", "an oily rag"],
65: [images.hammer, None,
    "A hammer. Maybe good for cracking things open...", "a hammer"],
66: [images.spoon, None, "A large serving spoon", "a spoon"],
67: [images.food_pouch, None,
    "A dehydrated food pouch. It needs water.", "a dry food pack"],
68: [images.food, None,
    "A food pouch. Use it to get 100% energy.", "ready-to-eat food"],
69: [images.book, None, "The book has the words 'Don't Panic' on the \
cover in large, friendly letters", "a book"],
70: [images.mp3_player, None,
    "An MP3 player, with all the latest tunes", "an MP3 player"],
71: [images.lander, None, "The Poodle, a small space exploration craft. \
Its black box has a radio sealed inside.", "the Poodle lander"],
72: [images.radio, None, "A radio communications system, from the \
Poodle", "a communications radio"],
73: [images.gps_module, None, "A GPS Module", "a GPS module"],
74: [images.positioning_system, None, "Part of a positioning system. \
Needs a GPS module.", "a positioning interface"],
75: [images.positioning_system, None,
    "A working positioning system", "a positioning computer"],
76: [images.scissors, None, "Scissors. They're too blunt to cut \
anything. Can you sharpen them?", "blunt scissors"],
77: [images.scissors, None,
    "Razor-sharp scissors. Careful!", "sharpened scissors"],
78: [images.credit, None,
    "A small coin for the station's vending systems",
    "a station credit"],
79: [images.access_card, None,
    "This access card belongs to " + PLAYER_NAME, "an access card"],
80: [images.access_card, None,
    "This access card belongs to " + FRIEND1_NAME, "an access card"],
81: [images.access_card, None,
    "This access card belongs to " + FRIEND2_NAME, "an access card"]
}

items_player_may_carry = list(range(53, 82))
# 以下数字分别表示地面、压力垫、土壤和有毒地面
items_player_may_stand_on = items_player_may_carry + [0, 39, 2, 48]


###############
## SCENERY ##
###############

# 布景是不能在房间中移动的对象
# 房间号: [[对象编号, y坐标位置, x坐标置]...]
scenery = {
    26: [[39,8,2]],
    27: [[33,5,5], [33,1,1], [33,1,8], [47,5,2],
         [47,3,10], [47,9,8], [42,1,6]],
    28: [[27,0,3], [41,4,3], [41,4,7]],
    29: [[7,2,6], [6,2,8], [12,1,13], [44,0,1],
         [36,4,10], [10,1,1], [19,4,2], [17,4,4]],
```

```
           30: [[34,1,1], [35,1,3]],
           31: [[11,1,1], [19,1,8], [46,1,3]],
           32: [[48,2,2], [48,2,3], [48,2,4], [48,3,2], [48,3,3],
               [48,3,4], [48,4,2], [48,4,3], [48,4,4]],
           33: [[13,1,1], [13,1,3], [13,1,8], [13,1,10], [48,2,1],
               [48,2,7], [48,3,6], [48,3,3]],
           34: [[37,2,2], [32,6,7], [37,10,4], [28,5,3]],
           35: [[16,2,9], [16,2,2], [16,3,3], [16,3,8], [16,8,9], [16,8,2], [16,1,8],
               [16,1,3], [12,8,6], [12,9,4], [12,9,8],
               [15,4,6], [12,7,1], [12,7,11]],
           36: [[4,3,1], [9,1,7], [8,1,8], [8,1,9],
               [5,5,4], [6,5,7], [10,1,1], [12,1,2]],
           37: [[48,3,1], [48,3,2], [48,7,1], [48,5,2], [48,5,3],
               [48,7,2], [48,9,2], [48,9,3], [48,11,1], [48,11,2]],
           38: [[43,0,2], [6,2,2], [6,3,5], [6,4,7], [6,2,9], [45,1,10]],
           39: [[38,1,1], [7,3,4], [7,6,4], [5,3,6], [5,6,6],
               [6,3,9], [6,6,9], [45,1,11], [12,1,8], [12,1,4]],
           40: [[41,5,3], [41,5,7], [41,9,3], [41,9,7],
               [13,1,1], [13,1,3], [42,1,12]],
           41: [[4,3,1], [10,3,5], [4,5,1], [10,5,5], [4,7,1],
               [10,7,5], [12,1,1], [12,1,5]],
           44: [[46,4,3], [46,4,5], [18,1,1], [19,1,3],
               [19,1,5], [52,4,7], [14,1,8]],
           45: [[48,2,1], [48,2,2], [48,3,3], [48,3,4], [48,1,4], [48,1,1]],
           46: [[10,1,1], [4,1,2], [8,1,7], [9,1,8], [8,1,9], [5,4,3], [7,3,2]],
           47: [[9,1,1], [9,1,2], [10,1,3], [12,1,7], [5,4,4], [6,4,7], [4,1,8]],
           48: [[17,4,1], [17,4,2], [17,4,3], [17,4,4], [17,4,5], [17,4,6], [17,4,7],
               [17,8,1], [17,8,2], [17,8,3], [17,8,4],
               [17,8,5], [17,8,6], [17,8,7], [14,1,1]],
           49: [[14,2,2], [14,2,4], [7,5,1], [5,5,3], [48,3,3], [48,3,4]],
           50: [[45,4,8], [11,1,1], [13,1,8], [33,2,1], [46,4,6]]
           }

checksum = 0
check_counter = 0
for key, room_scenery_list in scenery.items():
    for scenery_item_list in room_scenery_list:
        checksum += (scenery_item_list[0] * key
                     + scenery_item_list[1] * (key + 1)
                     + scenery_item_list[2] * (key + 2))
        check_counter += 1
print(check_counter, "scenery items")
assert check_counter == 161, "Expected 161 scenery items"
assert checksum == 200095, "Error in scenery data"
print("Scenery checksum: " + str(checksum))

for room in range(1, 26):  # 在行星表面随时添加布景
    if room != 13:  # 跳过 13 号房间
        scenery_item = random.choice([16, 28, 29, 30])
        scenery[room] = [[scenery_item, random.randint(2, 10),
                          random.randint(2, 10)]]

# 使用循环将围栏添加到行星表面
for room_coordinate in range(0, 13):
    for room_number in [1, 2, 3, 4, 5]:  # 添加顶部围栏
        scenery[room_number] += [[31, 0, room_coordinate]]
    for room_number in [1, 6, 11, 16, 21]:  # 添加左侧围栏
        scenery[room_number] += [[31, room_coordinate, 0]]
    for room_number in [5, 10, 15, 20, 25]:  # 添加右侧围栏
```

```
                    scenery[room_number] += [[31, room_coordinate, 12]]

        del scenery[21][-1] # 删除 21 号房间中的最后一个围栏
        del scenery[25][-1] # 删除 25 号房间中的最后一个围栏


##############
## MAKE MAP  ##
##############

def get_floor_type():
    if current_room in outdoor_rooms:
        return 2 # 土壤
    else:
        return 0 # 房间地面

def generate_map():
# 此函数可绘制当前房间的地图
# 通过使用房间数据、布景数据和道具数据
    global room_map, room_width, room_height, room_name, hazard_map
    global top_left_x, top_left_y, wall_transparency_frame
    room_data = GAME_MAP[current_room]
    room_name = room_data[0]
    room_height = room_data[1]
    room_width = room_data[2]

    floor_type = get_floor_type()
    if current_room in range(1, 21):
        bottom_edge = 2 # 土壤
        side_edge = 2 # 土壤
    if current_room in range(21, 26):
        bottom_edge = 1 # 墙
        side_edge = 2 # 土壤
    if current_room > 25:
        bottom_edge = 1 # 墙
        side_edge = 1 # 墙

    # 创建房间地图的顶行
    room_map=[[side_edge] * room_width]
    # 添加房间地图的中间行（墙、房间的地面、墙）
    for y in range(room_height - 2):
        room_map.append([side_edge]
                        + [floor_type]*(room_width - 2) + [side_edge])
    # 添加房间地图的底行
    room_map.append([bottom_edge] * room_width)

    # 添加房门
    middle_row = int(room_height / 2)
    middle_column = int(room_width / 2)

    if room_data[4]: # 如果房间右侧有出口
        room_map[middle_row][room_width - 1] = floor_type
        room_map[middle_row+1][room_width - 1] = floor_type
        room_map[middle_row-1][room_width - 1] = floor_type

if current_room % MAP_WIDTH != 1: # 如果房间不在地图的最左侧
    room_to_left = GAME_MAP[current_room - 1]
```

```python
        # 如果左侧房间的右侧有出口，则在此房间左侧添加出口
        if room_to_left[4]:
            room_map[middle_row][0] = floor_type
            room_map[middle_row + 1][0] = floor_type
            room_map[middle_row - 1][0] = floor_type

    if room_data[3]: # 如果房间顶部有出口
        room_map[0][middle_column] = floor_type
        room_map[0][middle_column + 1] = floor_type
        room_map[0][middle_column - 1] = floor_type

    if current_room <= MAP_SIZE - MAP_WIDTH: # 如果房间不在最下面
        room_below = GAME_MAP[current_room+MAP_WIDTH]
        # 如果下面房间的顶部有出口，则在此房间底部添加出口
        if room_below[3]:
            room_map[room_height-1][middle_column] = floor_type
            room_map[room_height-1][middle_column + 1] = floor_type
            room_map[room_height-1][middle_column - 1] = floor_type

    if current_room in scenery:
        for this_scenery in scenery[current_room]:
            scenery_number = this_scenery[0]
            scenery_y = this_scenery[1]
            scenery_x = this_scenery[2]
            room_map[scenery_y][scenery_x] = scenery_number

            image_here = objects[scenery_number][0]
            image_width = image_here.get_width()
            image_width_in_tiles = int(image_width / TILE_SIZE)

            for tile_number in range(1, image_width_in_tiles):
                room_map[scenery_y][scenery_x + tile_number] = 255

    center_y = int(HEIGHT / 2) # 游戏窗口的中间
    center_x = int(WIDTH / 2)
    room_pixel_width = room_width * TILE_SIZE # 房间的像素大小
    room_pixel_height = room_height * TILE_SIZE
    top_left_x = center_x - 0.5 * room_pixel_width
    top_left_y = (center_y - 0.5 * room_pixel_height) + 110

    for prop_number, prop_info in props.items():
        prop_room = prop_info[0]
        prop_y = prop_info[1]
        prop_x = prop_info[2]
        if (prop_room == current_room and
            room_map[prop_y][prop_x] in [0, 39, 2]):
                room_map[prop_y][prop_x] = prop_number
                image_here = objects[prop_number][0]
                image_width = image_here.get_width()
                image_width_in_tiles = int(image_width / TILE_SIZE)
                for tile_number in range(1, image_width_in_tiles):
                    room_map[prop_y][prop_x + tile_number] = 255

        hazard_map = [] # 空的列表
        for y in range(room_height):
            hazard_map.append( [0] * room_width )
```

```
##############
## GAME LOOP ##
##############

def start_room():
    global airlock_door_frame
    show_text("You are here: " + room_name, 0)
    if current_room == 26: # 房门可自动关闭的房间
        airlock_door_frame = 0
        clock.schedule_interval(door_in_room_26, 0.05)
    hazard_start()

def game_loop():
    global player_x, player_y, current_room
    global from_player_x, from_player_y
    global player_image, player_image_shadow
    global selected_item, item_carrying, energy
    global player_offset_x, player_offset_y
    global player_frame, player_direction

    if game_over:
        return

    if player_frame > 0:
        player_frame += 1
        time.sleep(0.05)
        if player_frame == 5:
            player_frame = 0
            player_offset_x = 0
            player_offset_y = 0

# 保存玩家当前位置
    old_player_x = player_x
    old_player_y = player_y

# 如果按下按键则移动
    if player_frame == 0:
        if keyboard.right:
            from_player_x = player_x
            from_player_y = player_y
            player_x += 1
            player_direction = "right"
            player_frame = 1
        elif keyboard.left: # 否则阻止玩家对角线移动
            from_player_x = player_x
            from_player_y = player_y
            player_x -= 1
            player_direction = "left"
            player_frame = 1
        elif keyboard.up:
            from_player_x = player_x
            from_player_y = player_y
            player_y -= 1
            player_direction = "up"
            player_frame = 1
        elif keyboard.down:
            from_player_x = player_x
            from_player_y = player_y
```

```
            player_y += 1
            player_direction = "down"
            player_frame = 1

    # 检查是否离开房间
        if player_x == room_width: # 通过右侧的门
            clock.unschedule(hazard_move)
            current_room += 1
            generate_map()
            player_x = 0 # 进入左侧
            player_y = int(room_height / 2) # 进入房门
            player_frame = 0
            start_room()
            return

        if player_x == -1: # 通过左侧的门
            clock.unschedule(hazard_move)
            current_room -= 1
            generate_map()
            player_x = room_width - 1 # 进入右侧
            player_y = int(room_height / 2) # 进入房门
            player_frame = 0
            start_room()
            return

        if player_y == room_height: # 通过底部的门
            clock.unschedule(hazard_move)
            current_room += MAP_WIDTH
            generate_map()
            player_y = 0 # 进入顶部
            player_x = int(room_width / 2) # 进入房门
            player_frame = 0
            start_room()
            return

        if player_y == -1: # 通过顶部的门
            clock.unschedule(hazard_move)
            current_room -= MAP_WIDTH
            generate_map()
            player_y = room_height - 1 # 进入底部
            player_x = int(room_width / 2) # 进入房门
            player_frame = 0
            start_room()
            return

    if keyboard.g:
        pick_up_object()

    if keyboard.tab and len(in_my_pockets) > 0:
        selected_item += 1
        if selected_item > len(in_my_pockets) - 1:
            selected_item = 0
        item_carrying = in_my_pockets[selected_item]
        display_inventory()

    if keyboard.d and item_carrying:
        drop_object(old_player_y, old_player_x)
```

```
        if keyboard.space:
            examine_object()

        if keyboard.u:
            use_object()

#### Teleporter for testing
#### Remove this section for the real game
##    if keyboard.x:
##        current_room = int(input("Enter room number:"))
##        player_x = 2
##        player_y = 2
##        generate_map()
##        start_room()
##        sounds.teleport.play()
#### Teleport section ends

    # 如果玩家站在不应该站的地方，则将它们移回原处
    if room_map[player_y][player_x] not in items_player_may_stand_on \
            or hazard_map[player_y][player_x] != 0:
        player_x = old_player_x
        player_y = old_player_y
        player_frame = 0

    if room_map[player_y][player_x] == 48: # 有毒的地面
        deplete_energy(1)

    if player_direction == "right" and player_frame > 0:
        player_offset_x = -1 + (0.25 * player_frame)
    if player_direction == "left" and player_frame > 0:
        player_offset_x = 1 - (0.25 * player_frame)
    if player_direction == "up" and player_frame > 0:
        player_offset_y = 1 - (0.25 * player_frame)
    if player_direction == "down" and player_frame > 0:
        player_offset_y = -1 + (0.25 * player_frame)


###############
## DISPLAY ##
###############


def draw_image(image, y, x):
    screen.blit(
        image,
        (top_left_x + (x * TILE_SIZE),
         top_left_y + (y * TILE_SIZE) - image.get_height())
        )

def draw_shadow(image, y, x):
    screen.blit(
        image,
        (top_left_x + (x * TILE_SIZE),
         top_left_y + (y * TILE_SIZE))
        )

def draw_player():
    player_image = PLAYER[player_direction][player_frame]
```

```
            draw_image(player_image, player_y + player_offset_y,
                    player_x + player_offset_x)
            player_image_shadow = PLAYER_SHADOW[player_direction][player_frame]
            draw_shadow(player_image_shadow, player_y + player_offset_y,
                    player_x + player_offset_x)

def draw():
    if game_over:
        return

    # 清空游戏区域
    box = Rect((0, 150), (800, 600))
    screen.draw.filled_rect(box, RED)
    box = Rect ((0, 0), (800, top_left_y + (room_height - 1)*30))
    screen.surface.set_clip(box)
    floor_type = get_floor_type()

    for y in range(room_height): # 放置地面砖块，然后放置地面上的物品
        for x in range(room_width):
            draw_image(objects[floor_type][0], y, x)
            # 下一行代码使对象的阴影落在地面上
            if room_map[y][x] in items_player_may_stand_on:
                draw_image(objects[room_map[y][x]][0], y, x)

    # 在这里添加了 26 号房间的压力势，因此道具可以放在上面
    if current_room == 26:
        draw_image(objects[39][0], 8, 2)
        image_on_pad = room_map[8][2]
        if image_on_pad > 0:
            draw_image(objects[image_on_pad][0], 8, 2)

    for y in range(room_height):
        for x in range(room_width):
            item_here = room_map[y][x]
            # 玩家不能在 255 上行走：这标记的是宽物品占用的空间
            if item_here not in items_player_may_stand_on + [255]:
                image = objects[item_here][0]

                if (current_room in outdoor_rooms
                    and y == room_height - 1
                    and room_map[y][x] == 1) or \
                    (current_room not in outdoor_rooms
                    and y == room_height - 1
                    and room_map[y][x] == 1
                    and x > 0
                    and x < room_width - 1):
                    # 添加前面墙体的透明图像
                    image = PILLARS[wall_transparency_frame]

                draw_image(image, y, x)

                if objects[item_here][1] is not None: # 如果对象有阴影
                    shadow_image = objects[item_here][1]
                    # 如果阴影需要水平平铺
                    if shadow_image in [images.half_shadow,
                                        images.full_shadow]:
                        shadow_width = int(image.get_width() / TILE_SIZE)
                        # 让阴影穿过整个对象的宽度
```

```
                for z in range(0, shadow_width):
                    draw_shadow(shadow_image, y, x+z)
            else:
                draw_shadow(shadow_image, y, x)

            hazard_here = hazard_map[y][x]
            if hazard_here != 0: # 如果这个位置有危险物品
                draw_image(objects[hazard_here][0], y, x)

        if (player_y == y):
            draw_player()

    screen.surface.set_clip(None)

def adjust_wall_transparency():
    global wall_transparency_frame

    if (player_y == room_height - 2
        and room_map[room_height - 1][player_x] == 1
        and wall_transparency_frame < 4):
        wall_transparency_frame += 1 # 淡出

    if ((player_y < room_height - 2
            or room_map[room_height - 1][player_x] != 1)
            and wall_transparency_frame > 0):
        wall_transparency_frame -= 1 # 淡入

def show_text(text_to_show, line_number):
    if game_over:
        return
    text_lines = [15, 50]
    box = Rect((0, text_lines[line_number]), (800, 35))
    screen.draw.filled_rect(box, BLACK)
    screen.draw.text(text_to_show,
                (20, text_lines[line_number]), color=GREEN)


###############
##   PROPS   ##
###############

# 道具是可能在房间之间移动、出现或消失的对象
# 所有的道具必须在这里设置。游戏中尚未出现的道具放在 0 号房间
# 对象编号：[ 房间, y, x]
props = {
    20: [31, 0, 4], 21: [26, 0, 1], 22: [41, 0, 2], 23: [39, 0, 5],
    24: [45, 0, 2],
    25: [32, 0, 2], 26: [27, 12, 5], # 同一个房门的两边
    40: [0, 8, 6], 53: [45, 1, 5], 54: [0, 0, 0], 55: [0, 0, 0],
    56: [0, 0, 0], 57: [35, 4, 6], 58: [0, 0, 0], 59: [31, 1, 7],
    60: [0, 0, 0], 61: [36, 1, 1], 62: [36, 1, 6], 63: [0, 0, 0],
    64: [27, 8, 3], 65: [50, 1, 7], 66: [39, 5, 6], 67: [46, 1, 1],
    68: [0, 0, 0], 69: [30, 3, 3], 70: [47, 1, 3],
    71: [0, LANDER_Y, LANDER_X], 72: [0, 0, 0], 73: [27, 4, 6],
    74: [28, 1, 11], 75: [0, 0, 0], 76: [41, 3, 5], 77: [0, 0, 0],
    78: [35, 9, 11], 79: [26, 3, 2], 80: [41, 7, 5], 81: [29, 1, 1]
    }

checksum = 0
```

```
    for key, prop in props.items():
        if key != 71:  # 71 号对象要跳过，因为每次游戏中该物品的位置都不一样
            checksum += (prop[0] * key
                        + prop[1] * (key + 1)
                        + prop[2] * (key + 2))
print(len(props), "props")
assert len(props) == 37, "Expected 37 prop items"
print("Prop checksum:", checksum)
assert checksum == 61414, "Error in props data"

in_my_pockets = [55]
selected_item = 0 # 第一个物品
item_carrying = in_my_pockets[selected_item]

RECIPES = [
    [62, 35, 63], [76, 28, 77], [78, 38, 54], [73, 74, 75],
    [59, 54, 60], [77, 55, 56], [56, 57, 58], [71, 65, 72],
    [88, 58, 89], [89, 60, 90], [67, 35, 68]
    ]

checksum = 0
check_counter = 1
for recipe in RECIPES:
    checksum += (recipe[0] * check_counter
                + recipe[1] * (check_counter + 1)
                + recipe[2] * (check_counter + 2))
    check_counter += 3
print(len(RECIPES), "recipes")
assert len(RECIPES) == 11, "Expected 11 recipes"
assert checksum == 37296, "Error in recipes data"
print("Recipe checksum:", checksum)


#######################
## PROP INTERACTIONS ##
#######################

def find_object_start_x():
    checker_x = player_x
    while room_map[player_y][checker_x] == 255:
        checker_x -= 1
    return checker_x

def get_item_under_player():
    item_x = find_object_start_x()
    item_player_is_on = room_map[player_y][item_x]
    return item_player_is_on

def pick_up_object():
    global room_map
    # 获取玩家所在位置的对象编号
    item_player_is_on = get_item_under_player()
    if item_player_is_on in items_player_may_carry:
        # 清理地板空间
        room_map[player_y][player_x] = get_floor_type()
        add_object(item_player_is_on)
        show_text("Now carrying " + objects[item_player_is_on][3], 0)
        sounds.pickup.play()
        time.sleep(0.5)
```

```python
        else:
            show_text("You can't carry that!", 0)

def add_object(item): # 将物品添加到清单
    global selected_item, item_carrying
    in_my_pockets.append(item)
    item_carrying = item
    # 减 1，因为序列号从 0 开始
    selected_item = len(in_my_pockets) - 1
    display_inventory()
    props[item][0] = 0 # 携带的物品会被放入 0 号房间（不在地图上）

def display_inventory():
    box = Rect((0, 45), (800, 105))
    screen.draw.filled_rect(box, BLACK)

    if len(in_my_pockets) == 0:
        return

    start_display = (selected_item // 16) * 16
    list_to_show = in_my_pockets[start_display : start_display + 16]
    selected_marker = selected_item % 16

    for item_counter in range(len(list_to_show)):
        item_number = list_to_show[item_counter]
        image = objects[item_number][0]
        screen.blit(image, (25 + (46 * item_counter), 90))

    box_left = (selected_marker * 46) - 3
    box = Rect((22 + box_left, 85), (40, 40))
    screen.draw.rect(box, WHITE)
    item_highlighted = in_my_pockets[selected_item]
    description = objects[item_highlighted][2]
    screen.draw.text(description, (20, 130), color="white")

def drop_object(old_y, old_x):
    global room_map, props
    if room_map[old_y][old_x] in [0, 2, 39]: # 可以放东西的地方
        props[item_carrying][0] = current_room
        props[item_carrying][1] = old_y
        props[item_carrying][2] = old_x
        room_map[old_y][old_x] = item_carrying
        show_text("You have dropped " + objects[item_carrying][3], 0)
        sounds.drop.play()
        remove_object(item_carrying)
        time.sleep(0.5)
    else: # 仅当这里已经有道具时才会发生
        show_text("You can't drop that there.", 0)
        time.sleep(0.5)

def remove_object(item): # 从清单中取出物品
    global selected_item, in_my_pockets, item_carrying
    in_my_pockets.remove(item)
    selected_item = selected_item - 1
    if selected_item < 0:
        selected_item = 0
    if len(in_my_pockets) == 0: # 如果它们没有携带任何东西
        item_carrying = False # 将 item_carrying 设置为 False
    else: # 否则将其设置为新选择的物品
```

```python
            item_carrying = in_my_pockets[selected_item]
        display_inventory()

def examine_object():
    item_player_is_on = get_item_under_player()
    left_tile_of_item = find_object_start_x()
    if item_player_is_on in [0, 2]: # 不用描述地面
        return
    description = "You see: " + objects[item_player_is_on][2]
    for prop_number, details in props.items():
        # props = object number: [room number, y, x]
        if details[0] == current_room: # 如果道具在房间里
            # 如果道具是隐藏的 (＝在玩家的位置上但不在地图上)
            if (details[1] == player_y
                and details[2] == left_tile_of_item
                and room_map[details[1]][details[2]] != prop_number):
                add_object(prop_number)
                description = "You found " + objects[prop_number][3]
                sounds.combine.play()
    show_text(description, 0)
    time.sleep(0.5)


################
## USE OBJECTS ##
################

def use_object():
    global room_map, props, item_carrying, air, selected_item, energy
    global in_my_pockets, suit_stitched, air_fixed, game_over

    use_message = "You fiddle around with it but don't get anywhere."
    standard_responses = {
        4: "Air is running out! You can't take this lying down!",
        6: "This is no time to sit around!",
        7: "This is no time to sit around!",
        32: "It shakes and rumbles, but nothing else happens.",
        34: "Ah! That's better. Now wash your hands.",
        35: "You wash your hands and shake the water off.",
        37: "The test tubes smoke slightly as you shake them.",
        54: "You chew the gum. It's sticky like glue.",
        55: "The yoyo bounces up and down, slightly slower than on Earth",
        56: "It's a bit too fiddly. Can you thread it on something?",
        59: "You need to fix the leak before you can use the canister",
        61: "You try signalling with the mirror, but nobody can see you.",
        62: "Don't throw resources away. Things might come in handy...",
        67: "To enjoy yummy space food, just add water!",
        75: "You are at Sector: " + str(current_room) + " // X: " \
            + str(player_x) + " // Y: " + str(player_y)
        }

    # 获取玩家所在位置的对象编号
    item_player_is_on = get_item_under_player()
    for this_item in [item_player_is_on, item_carrying]:
        if this_item in standard_responses:
            use_message = standard_responses[this_item]

    if item_carrying == 70 or item_player_is_on == 70:
        use_message = "Banging tunes!"
        sounds.steelmusic.play(2)
```

```
elif item_player_is_on == 11:
    use_message = "AIR: " + str(air) + \
                    "% / ENERGY " + str(energy) + "% / "
    if not suit_stitched:
        use_message += "*ALERT* SUIT FABRIC TORN / "
    if not air_fixed:
        use_message += "*ALERT* SUIT AIR BOTTLE MISSING"
    if suit_stitched and air_fixed:
        use_message += " SUIT OK"
    show_text(use_message, 0)
    sounds.say_status_report.play()
    time.sleep(0.5)
    # 如果“打开”计算机，则说明玩家希望知道最新的状态
    # 返回以防止使用另一个对象覆盖了当前的操作
    return


elif item_carrying == 60 or item_player_is_on == 60:
    use_message = "You fix " + objects[60][3] + " to the suit"
    air_fixed = True
    air = 90
    air_countdown()
    remove_object(60)

elif (item_carrying == 58 or item_player_is_on == 58) \
    and not suit_stitched:
    use_message = "You use " + objects[56][3] + \
                    " to repair the suit fabric"
    suit_stitched = True
    remove_object(58)

elif item_carrying == 72 or item_player_is_on == 72:
    use_message = "You radio for help. A rescue ship is coming. \
Rendezvous Sector 13, outside."
    props[40][0] = 13

elif (item_carrying == 66 or item_player_is_on == 66) \
        and current_room in outdoor_rooms:
    use_message = "You dig..."
    if (current_room == LANDER_SECTOR
        and player_x == LANDER_X
        and player_y == LANDER_Y):
        add_object(71)
        use_message = "You found the Poodle lander!"

elif item_player_is_on == 40:
    clock.unschedule(air_countdown)
    show_text("Congratulations, "+ PLAYER_NAME +"!", 0)
    show_text("Mission success! You have made it to safety.", 1)
    game_over = True
    sounds.take_off.play()
    game_completion_sequence()

elif item_player_is_on == 16:
    energy += 1
    if energy > 100:
        energy = 100
    use_message = "You munch the lettuce and get a little energy back"
    draw_energy_air()
```

```python
        elif item_player_is_on == 42:
            if current_room == 27:
                open_door(26)
            props[25][0] = 0 # 从 32 号房间到工程舱的门
            props[26][0] = 0 # 工程舱内的门
            clock.schedule_unique(shut_engineering_door, 60)
            use_message = "You press the button"
            show_text("Door to engineering bay is open for 60 seconds", 1)
            sounds.say_doors_open.play()
            sounds.doors.play()

        elif item_carrying == 68 or item_player_is_on == 68:
            energy = 100
            use_message = "You use the food to restore your energy"
            remove_object(68)
            draw_energy_air()

        if suit_stitched and air_fixed: # 打开气闸门
            if current_room == 31 and props[20][0] == 31:
                open_door(20) # 包括把门移开
                sounds.say_airlock_open.play()
                show_text("The computer tells you the airlock is now open.", 1)
            elif props[20][0] == 31:
                props[20][0] = 0 # 把门从地图上移除
                sounds.say_airlock_open.play()
                show_text("The computer tells you the airlock is now open.", 1)

        for recipe in RECIPES:
            ingredient1 = recipe[0]
            ingredient2 = recipe[1]
            combination = recipe[2]
            if (item_carrying == ingredient1
                and item_player_is_on == ingredient2) \
                or (item_carrying == ingredient2
                    and item_player_is_on == ingredient1):
                use_message = "You combine " + objects[ingredient1][3] \
                            + " and " + objects[ingredient2][3] \
                            + " to make " + objects[combination][3]
                if item_player_is_on in props.keys():
                    props[item_player_is_on][0] = 0
                    room_map[player_y][player_x] = get_floor_type()
                in_my_pockets.remove(item_carrying)
                add_object(combination)
                sounds.combine.play()

        # {门禁卡对象编号: 门对象编号}
        ACCESS_DICTIONARY = { 79:22, 80:23, 81:24 }
        if item_carrying in ACCESS_DICTIONARY:
            door_number = ACCESS_DICTIONARY[item_carrying]
            if props[door_number][0] == current_room:
                use_message = "You unlock the door!"
                sounds.say_doors_open.play()
                sounds.doors.play()
                open_door(door_number)

        show_text(use_message, 0)
        time.sleep(0.5)

def game_completion_sequence():
```

```
global launch_frame #(初始值为 0，在 VARIABLES 部分设置)
box = Rect((0, 150), (800, 600))
screen.draw.filled_rect(box, (128, 0, 0))
box = Rect ((0, top_left_y - 30), (800, 390))
screen.surface.set_clip(box)

for y in range(0, 13):
    for x in range(0, 13):
        draw_image(images.soil, y, x)

launch_frame += 1
if launch_frame < 9:
    draw_image(images.rescue_ship, 8 - launch_frame, 6)
    draw_shadow(images.rescue_ship_shadow, 8 + launch_frame, 6)
    clock.schedule(game_completion_sequence, 0.25)
else:
    screen.surface.set_clip(None)
    screen.draw.text("MISSION", (200, 380), color = "white",
                fontsize = 128, shadow = (1, 1), scolor = "black")
    screen.draw.text("COMPLETE", (145, 480), color = "white",
                fontsize = 128, shadow = (1, 1), scolor = "black")
    sounds.completion.play()
    sounds.say_mission_complete.play()


##############
##   DOORS   ##
##############

def open_door(opening_door_number):
    global door_frames, door_shadow_frames
    global door_frame_number, door_object_number
    door_frames = [images.door1, images.door2, images.door3,
                images.door4, images.floor]
    # (最后一帧是门重新出现时的阴影)
    door_shadow_frames = [images.door1_shadow, images.door2_shadow,
                        images.door3_shadow, images.door4_shadow,
                        images.door_shadow]
    door_frame_number = 0
    door_object_number = opening_door_number
    do_door_animation()

def close_door(closing_door_number):
    global door_frames, door_shadow_frames
    global door_frame_number, door_object_number, player_y
    door_frames = [images.door4, images.door3, images.door2,
                images.door1, images.door]
    door_shadow_frames = [images.door4_shadow, images.door3_shadow,
                        images.door2_shadow, images.door1_shadow,
                        images.door_shadow]
    door_frame_number = 0
    door_object_number = closing_door_number
    # 如果玩家与门在同一排，则它们一定占了门的位置
    if player_y == props[door_object_number][1]:
        if player_y == 0: # 如果在顶部的门
            player_y = 1 # 将玩家往下移
        else:
            player_y = room_height - 2 # 将玩家往上移
    do_door_animation()
```

```python
def do_door_animation():
    global door_frames, door_frame_number, door_object_number, objects
    objects[door_object_number][0] = door_frames[door_frame_number]
    objects[door_object_number][1] = door_shadow_frames[door_frame_number]
    door_frame_number += 1
    if door_frame_number == 5:
        if door_frames[-1] == images.floor:
            props[door_object_number][0] = 0 # 从道具列表中删除门
        # 从道具中重新生成房间地图
        # 如果需要，将门放在房间里
        generate_map()
    else:
        clock.schedule(do_door_animation, 0.15)

def shut_engineering_door():
    global current_room, door_room_number, props
    props[25][0] = 32 # 从 32 号房间到工程舱的门
    props[26][0] = 27 # 工程舱内的门
    generate_map() # 更新受影响房间的 room_map
    if current_room == 27:
        close_door(26)
    if current_room == 32:
        close_door(25)
    show_text("The computer tells you the doors are closed.", 1)
    sounds.say_doors_closed.play()

def door_in_room_26():
    global airlock_door_frame, room_map
    frames = [images.door, images.door1, images.door2,
                images.door3,images.door4, images.floor
                ]

    shadow_frames = [images.door_shadow, images.door1_shadow,
                        images.door2_shadow, images.door3_shadow,
                        images.door4_shadow, None]

    if current_room != 26:
        clock.unschedule(door_in_room_26)
        return

    # 21 道具是 26 号房间的门
    if ((player_y == 8 and player_x == 2) or props[63] == [26, 8, 2]) \
            and props[21][0] == 26:
        airlock_door_frame += 1
        if airlock_door_frame == 5:
            props[21][0] = 0 # 当门完全打开后，从地图上移除门
            room_map[0][1] = 0
            room_map[0][2] = 0
            room_map[0][3] = 0

    if ((player_y != 8 or player_x != 2) and props[63] != [26, 8, 2]) \
            and airlock_door_frame > 0:
        if airlock_door_frame == 5:
            # 在道具和地图上添加门，并显示动画
            props[21][0] = 26
            room_map[0][1] = 21
            room_map[0][2] = 255
            room_map[0][3] = 255
        airlock_door_frame -= 1
```

```python
    objects[21][0] = frames[airlock_door_frame]
    objects[21][1] = shadow_frames[airlock_door_frame]


###############
##    AIR    ##
###############

def draw_energy_air():
    box = Rect((20, 765), (350, 20))
    screen.draw.filled_rect(box, BLACK)
    screen.draw.text("AIR", (20, 766), color=BLUE)
    screen.draw.text("ENERGY", (180, 766), color=YELLOW)

    if air > 0:
        box = Rect((50, 765), (air, 20))
        screen.draw.filled_rect(box, BLUE) # 绘制新的空气条

    if energy > 0:
        box = Rect((250, 765), (energy, 20))
        screen.draw.filled_rect(box, YELLOW) # 绘制新的能量条

def end_the_game(reason):
    global game_over
    show_text(reason, 1)
    game_over = True
    sounds.say_mission_fail.play()
    sounds.gameover.play()
    screen.draw.text("GAME OVER", (120, 400), color = "white",
                     fontsize = 128, shadow = (1, 1), scolor = "black")

def air_countdown():
    global air, game_over
    if game_over:
        return # 当角色死了就不需要空气了
    air -= 1
    if air == 20:
        sounds.say_air_low.play()
    if air == 10:
        sounds.say_act_now.play()
    draw_energy_air()
    if air < 1:
        end_the_game("You're out of air!")

def alarm():
    show_text("Air is running out, " + PLAYER_NAME
              + "! Get to safety, then radio for help!", 1)
    sounds.alarm.play(3)
    sounds.say_breach.play()


###############
##  HAZARDS  ##
###############

hazard_data = {
    # 房间号：[[y, x, 方向, 反弹方向]]
    28: [[1, 8, 2, 1], [7, 3, 4, 1]], 32: [[1, 5, 4, -1]],
    34: [[5, 1, 1, 1], [5, 5, 1, 2]], 35: [[4, 4, 1, 2], [2, 5, 2, 2]],
```

```
            36: [[2, 1, 2, 2]], 38: [[1, 4, 3, 2], [5, 8, 1, 2]],
            40: [[3, 1, 3, -1], [6, 5, 2, 2], [7, 5, 4, 2]],
            41: [[4, 5, 2, 2], [6, 3, 4, 2], [8, 1, 2, 2]],
            42: [[2, 1, 2, 2], [4, 3, 2, 2], [6, 5, 2, 2]],
            46: [[2, 1, 2, 2]],
            48: [[1, 8, 3, 2], [8, 8, 1, 2], [3, 9, 3, 2]]
            }

def deplete_energy(penalty):
    global energy, game_over
    if game_over:
        return # 当角色死了就不需要消耗能量了
    energy = energy - penalty
    draw_energy_air()
    if energy < 1:
        end_the_game("You're out of energy!")

def hazard_start():
    global current_room_hazards_list, hazard_map
    if current_room in hazard_data.keys():
        current_room_hazards_list = hazard_data[current_room]
        for hazard in current_room_hazards_list:
            hazard_y = hazard[0]
            hazard_x = hazard[1]
            hazard_map[hazard_y][hazard_x] = 49 + (current_room % 3)
        clock.schedule_interval(hazard_move, 0.15)

def hazard_move():
    global current_room_hazards_list, hazard_data, hazard_map
    global old_player_x, old_player_y

    if game_over:
        return

    for hazard in current_room_hazards_list:
        hazard_y = hazard[0]
        hazard_x = hazard[1]
        hazard_direction = hazard[2]

    old_hazard_x = hazard_x
    old_hazard_y = hazard_y
    hazard_map[old_hazard_y][old_hazard_x] = 0

    if hazard_direction == 1: # 上
        hazard_y -= 1
    if hazard_direction == 2: # 右
        hazard_x += 1
    if hazard_direction == 3: # 下
        hazard_y += 1
    if hazard_direction == 4: # 左
        hazard_x -= 1

    hazard_should_bounce = False

    if (hazard_y == player_y and hazard_x == player_x) or \
       (hazard_y == from_player_y and hazard_x == from_player_x \
        and player_frame > 0):
        sounds.ouch.play()
        deplete_energy(10)
```

```
                hazard_should_bounce = True

            # 防止危险物品移动到门外
            if hazard_x == room_width:
                hazard_should_bounce = True
                hazard_x = room_width - 1
            if hazard_x == -1:
                hazard_should_bounce = True
                hazard_x = 0
            if hazard_y == room_height:
                hazard_should_bounce = True
                hazard_y = room_height - 1
            if hazard_y == -1:
                hazard_should_bounce = True
                hazard_y = 0

            # 当危险物品遇到布景或其他危险物品时停止
            if room_map[hazard_y][hazard_x] not in items_player_may_stand_on \
                    or hazard_map[hazard_y][hazard_x] != 0:
                hazard_should_bounce = True

            if hazard_should_bounce:
                hazard_y = old_hazard_y # 返回到上一个有效位置
                hazard_x = old_hazard_x
                hazard_direction += hazard[3]
                if hazard_direction > 4:
                    hazard_direction -= 4
                if hazard_direction < 1:
                    hazard_direction += 4
                hazard[2] = hazard_direction

            hazard_map[hazard_y][hazard_x] = 49 + (current_room % 3)
            hazard[0] = hazard_y
            hazard[1] = hazard_x


##############
##  START  ##
##############

clock.schedule_interval(game_loop, 0.03)
generate_map()
clock.schedule_interval(adjust_wall_transparency, 0.05)
clock.schedule_unique(display_inventory, 1)
clock.schedule_unique(draw_energy_air, 0.5)
clock.schedule_unique(alarm, 10)
# 后面的数字越大，表示游戏的时间限制越长
clock.schedule_interval(air_countdown, 5)
sounds.mission.play() # 播放音乐
```

# 附录 B　变量、列表和字典

为了帮助你理解 *Escape* 游戏的程序，我提供了下面这张表，其中包含了游戏中使用的一些变量、列表和字典。我认为这个表对于自定义游戏非常有用。

如果变量、列表或字典的名称使用的都是大写字母，则表示其内容在设置后不希望更改。

| 变量、列表或字典 | 说　　明 |
| --- | --- |
| ACCESS_DICTIONARY | 将门禁卡与门配对的字典，请参阅 11.3 节的内容 |
| air | 玩家剩余的空气。在 VARIABLES 部分中设置了起始值 |
| air_fixed | 当玩家将空气罐安装到航天服上时，将其设置为 True，否则为 False |
| checksum | 在输入游戏代码时，用于检查数据的输入是否正确。如果你修改了游戏数据，则需要修改或禁用校验和代码。在 assert 指令前添加 # 禁用对应的代码 |
| current_room | 玩家现在所在房间的编号。在 VARIABLES 部分中将其设置为起始房间 |
| energy | 玩家剩余的能量。在 VARIABLES 部分设置了起始值 |
| FRIEND1_NAME | 一个朋友的名字，用于描述房间和物品 |
| FRIEND2_NAME | 一个朋友的名字，用于描述房间和物品 |
| GAME_MAP | 存储房间如何相互连接的地图，请参阅 4.3 节的内容 |
| game_over | 游戏结束时设置为 True，未结束时为 False |
| hazard_data | 包含移动危险物品的位置和移动方式信息的字典。请参阅 12.2 节的内容 |
| hazard_map | 用于记录玩家现在所在房间中移动危险物品的位置。自动生成，无须修改 |
| HEIGHT | 游戏窗口的高度（以像素为单位） |
| in_my_pockets | 玩家携带的物品对象编号列表。在 PROPS 部分中进行了设置，包含了玩家开始游戏时所带的物品 |
| item_carrying | 玩家在其清单中选择的物品对象编号 |
| item_player_is_on | 玩家站立在其上的物品对象编号 |
| items_player_may_carry | 包含了玩家可以拾取的物品对象编号的列表 |
| items_player_may_stand_on | 包含了玩家可以在其上移动的物品对象编号的列表 |
| LANDER_SECTOR | Poodle 着陆器隐藏位置的房间号 |
| LANDER_X | Poodle 着陆器隐藏位置的 x 坐标位置 |
| LANDER_Y | Poodle 着陆器隐藏位置的 y 坐标位置 |
| MAP_HEIGHT | 地图上纵向有多少个房间（见图 4-1） |
| MAP_WIDTH | 地图上横向有多少个房间（见图 4-1）。 |
| objects | 包含游戏中所有对象的图像和描述的字典，请参阅 5.2 节的内容 |
| outdoor_rooms | 行星表面房间编号的范围（见图 4-1） |
| PILLARS | 包含前面墙体透明效果动画帧的字典 |

| 变量、列表或字典 | 说　　明 |
|---|---|
| PLAYER | 包含玩家动画帧的字典 |
| player_direction | 玩家面向的方向，应该是左、右、上、下 |
| player_frame | 用于玩家的动画帧 |
| PLAYER_NAME | 用于向玩家描述对象和信息。在 VARIABLES 部分将其设置为你的名字 |
| PLAYER_SHADOW | 包含了玩家动画阴影的字典 |
| player_x | 玩家在房间中的 x 坐标位置，以地砖为单位。在 VARIABLES 部分设置了起始位置 |
| player_y | 玩家在房间中的 y 坐标位置，以地砖为单位。在 VARIABLES 部分设置了起始位置 |
| props | 包含游戏中所有可移动物品位置信息的字典，请参阅 9.1 节的内容 |
| RECIPES | 包含组合对象以创建新对象的配方列表，请参阅 10.5 节的内容 |
| room_map | 用于记录玩家现在所在房间中每个位置的信息。自动生成，无须修改 |
| scenery | 包含了房间中所放置的固定对象数据的字典，请参阅 6.1 节的内容 |
| standard_responses | 当玩家使用没有其他用途的物品时显示消息的字典 |
| suit_stitched | 玩家修复航天服后设置为 True，否则为 False |
| use_message | 当玩家使用或尝试使用某个对象时向其显示的文本 |
| WIDTH | 游戏窗口的宽度（以像素为单位） |

# 附录 C　调试你的程序

书中的某些代码可能第一次不会正常运行。不要有畏难情绪！编程时这是正常现象，即使经验丰富的编程人员也是如此。一些容易忽略的细节会对程序产生巨大的影响。在程序中修复错误称为调试。

为了尽量减少问题，书中的代码都会尽可能简短，因此，如果某段代码不起作用，你也无须检查太多指令。当某些地方需要特别注意的时候，我还在书中添加了文字的警告信息。

请记住，如果你不知道如何修复你的程序，那么可以通过本书资源链接下载我的代码（请参阅引言中" ZIP 文件中的内容"部分）并直接使用。如果你修改了程序，可尝试将我的代码复制粘贴到你的程序中。

在本附录中，我整理了一些技巧，以帮助你修复你的程序。当 Python 发现错误时，通常会向你显示程序中最初发现错误的那一行。实际中错误并不总是在那一行：这只是 Python 注意到问题的地方。如果显示的那一行看起来没问题，请先检查之前的一行，然后再检查代码中的其他新的指令是否有错误。

## 1. 缩进

缩进是用来告诉 Python 哪些程序是一起的。例如，属于一个函数的所有指令都需要在定义该函数的 def 指令下缩进。属于 while、for、if 或 else 命令的指令也需要缩进。示例代码段 listing C-1 是函数 get_floor_type( ) 的一部分。

```
--snip--
❶ def get_floor_type():
❷     if current_room in outdoor_rooms:
❸         return 2 # 土壤
❹     else:
❺         return 0 # 房间地面
--snip--
```

代码段 listing C-1　游戏代码的部分，展示了缩进的级别

所有指令都属于函数 get_floor_type( ) ❶，因此它们都至少缩进了四个空格（参见 ❷ 和 ❹）。return 指令（❸ 和 ❺）还属于它们上方的 if ❷ 和 else ❹ 命令，因此它们又缩进了四个空格，总共八个空格。在输入 def、if 和 else 指令时，如果在行末添加了冒号，则在 IDLE 中下一行会自动添加缩进。可以使用 Delete 键删除不需要的缩进。

如果某些指令的缩进级别出错，则即使 Python 没有报告任何错误，该程序也可能会很奇怪或运行速度变慢。因此，要仔细检查程序的缩进级别。

如果 Python 提示某些程序块需要缩进，则表示你在应该缩进的地方没有缩进。如果 Python 告诉你有多余的缩进，则表示代码的开头添加了太多的空格，或者你将要缩进的指令缩进了不同的层级。在本书中，每个缩进级别使用四个空格。

## 2. 大小写

Python 是区分大小写的，这意味着使用大写字母（ABC…）还是小写字母（abc…）很重要。在大多数情况下，编写 Python 代码时都使用小写字母。例外的情况如下：

1）True、False 和 None 的开头第一个字母都是大写。正确输入后，它们在 IDLE 中为橙色。

2）程序中的某些变量、字典和列表名称是大写的，例如 TILE_SIZE 和 PLAYER。如果大小写不一致，则可能会收到一条错误消息，提示你未定义某个名称。Python 无法将大小写不同的两个名称识别为同一名称（还要检查名称中的拼写错误）。

3）引号内的内容可能会有所不同。这是说明程序要做某事的文本，通常按照人们的阅读习惯来书写。

4）Python 会忽略同一行中 # 后面的内容，因此这里你可以使用任何大写字母。

## 3. 括号

检查你是否按照正确的顺序使用了正确的括号，尤其是 Python 告诉你列表或字典中的内容存在问题时：

1）圆括号 ( ) 用于元组和函数中的参数。例如，函数 range( )、print( ) 和 len( ) 使用的圆括号。我们在 *Escape* 游戏中的函数也是如此，例如 remove_object( ) 和 draw_image( )。

2）方括号 [] 用于列表的开头和结束。有时，可能会在一个列表中还有另一个列表，因此会有几对方括号。

3）花括号 {} 用于字典的开始和结束。

## 4. 冒号

当代码行以 for、while、if、else 或 def 开头时，它的末尾有需要一个冒号 (:)。冒号还会将字典中的键和值分开。*Escape* 程序中没有使用分号 (;)，因此如果代码中包含分号，请将其更改为冒号。

## 5. 逗号

列表或元组中的项目之间需要使用逗号。在列表中添加新内容时，请确保在添加内容之前，在最后一项之后添加逗号。检查数据的格式能够帮助你发现涉及逗号的错误。例如，道具字典和配方列表中的每个列表中都有三个数字。

## 6. 图像和声音

如果 Python 告诉你找不到图像或声音目录，请检查是否已下载文件并将文件保存在正确的位置。请参阅引言中 0.4 节的内容和代码段 listing 1-1。

## 7. 拼写

IDLE 的代码颜色可以帮助你在某些指令中发现拼写错误。检查屏幕上的颜色是否与书中的颜色一致。拼写变量和列表时要多加注意：任何错误都可能导致程序停止运行或出现异常。

# ——推荐阅读——

## 《人工智能真好玩：同同爸带你趣味编程》

● 孩子动手玩人工智能的起步书

● 18个精选生活案例，真正理解学习编程的本意，在玩中形成计算思维能力

● 用人工智能给快乐、思维和创意升个级

● 趣味生活真实案例、配套完整讲解视频

　　通过18个人工智能案例，孩子会对人工智能技术有基本了解，又可以让创造力一点就燃。每个案例分多个思考阶段，效果逐步完善，循循善诱，帮助孩子培养逻辑思维、创造性思维和计算思维，去揭开人工智能的神秘面纱。

## 《给孩子的计算思维与编程书：AI核心素养教育实践指南》

● 人工智能赋能科技教育，适合老师、家长、孩子阅读，理解如何培养计算思维，帮助未来创新者掌握AI核心素养

　　本书是K-12教育工作者老师、家长、青少年的计算思维入门指南，将以通俗易懂的语言帮助你了解什么是计算思维，它为什么重要，以及如何使计算融入学习。

　　本书讲解了计算思维的实用策略，帮助学生设计学习路径的具体指南，以及提供了将计算机科学的基础知识整合到信息课程、跨学科和课外学习的入门步骤。对青少年人工智能、编程课的课程体系设计具有指导和借鉴作用，对教师编程教学具有启示作用。

## 《STEAM教育指南：青少年人工智能时代成长攻略》

● 解读STEAM教育的精髓，分享AI时代的成长秘籍。

● 展现孩子升级成长路径、实践手段。

● 从STEAM实践中培养孩子的终身创造力。

　　我们的孩子很喜欢摆弄机器人、电动机和科技产品之类的玩意。我们很理解孩子的创新欲望，却不了解复杂技术和术语。我们需要本书帮助我们了解STEAM教育的一切，让我们能理解并帮助孩子走进创新的世界，成为一个真正拥有创新能力的人。

　　本书全景展现了如今创客、STEAM教育的精髓、成长路径、实践手段，让孩子、家长和更多的教育者了解到，如何通过实践培养并体现出终身创造力，胜任未来的AI时代。

## ——推荐阅读——

### 《乐高BOOST创意搭建指南：95例绝妙机械组合》

[日]五十川芳仁（Yoshihito Isogawa）著　孟辉　韦皓文　译

- 全球知名乐高大师五十川芳仁的全新著作
- 玩转乐高 BOOST 的大师级全彩图解式创意指南
- 只看图片即可学会的乐高创意大全
- 乐高玩家的必备经典乐高书

精美全彩图解式指南，不用文字，通过多角度高清图片全景展示搭建过程，既降低了阅读难度，又增加了搭建创造的乐趣，适合各年龄段读者阅读，更是亲子玩转乐高的极好帮手。

只用乐高 BOOST 即可搭建 95 个可实现行走、爬行、发射和抓取物体的功能创意结构和机器人。

### 《玩转乐高EV3机器人：玛雅历险记（原书第2版）》

[美]马克·贝尔（Mark Bell）等著　孟辉　韦皓文　林业渊　译

"我要从哪里开始？设计机器人应该从哪里开始？"而本书的核心就是要回答这个问题。

- 教你关注机器人的工作环境和任务详情
- 教你机器人的设计思路
- 教你如何测试机器人
- 教你搭建和编程知识

情节像探险小说一样吸引人的乐高机器人设计书。

用五个生动的机器人案例，教你思考如何设计机器人开展玛雅历险。

很少有乐高图书教你思考如何设计机器人去解决现实问题。在这个寻宝历险故事中，主人公埃文会遇到多个挑战，而作者将如何设计机器人的各种知识、方法与经验完美融入了情节中，让埃文和他的 EV3 机器人一起迎接挑战。

参加各种机器人竞赛的教练和队员、机器人课程的老师和学生，还有机器人爱好者们，都会从本书中受益匪浅。